高 等 学 校 教 材

Experiments in Modern Physics

研究性近代物理实验

主编 杜晓波

编者 陆景彬 马玉刚 赵广义 杨 东 马克岩 苏雪梅
卓仲畅 康智慧 王 刚 王 磊 崔淬砺 周 密
贺天民 纪 媛 王 鑫 梁桁楠 崔 航 刘庆辉
付成伟 王学凤 郭 庆 李永峰 薛燕峰 李 岩
丁战辉 吕伟国

中国教育出版传媒集团
高等教育出版社·北京

内容提要

本书是编者在总结多年的研究性近代物理实验教学经验的基础上编写而成的，内容包括原子核物理、原子物理与光学、凝聚态物理、高温高压极端条件物理、声学等单元，实验项目为一些近年来热门而又相对成熟的研究课题。

本书适合高等学校物理学类专业高年级本科生和低年级研究生开展研究性实验使用，也可供科技人员作为相关研究方向的入门教材或参考书。

图书在版编目（CIP）数据

研究性近代物理实验／杜晓波主编. -- 北京 ：高等教育出版社,2022.11

ISBN 978-7-04-058916-0

Ⅰ. ①研… Ⅱ. ①杜… Ⅲ. ①物理学-实验-高等学校-教材 Ⅳ. ①O41-33

中国版本图书馆 CIP 数据核字(2022)第 116477 号

YANJIUXING JINDAIWULISHIYAN

策划编辑 马天魁　　责任编辑 高聚平　　封面设计 李卫青　　版式设计 杨 树
责任绘图 于 博　　责任校对 刘俊艳 胡美萍　　责任印制 朱 琦

出版发行 高等教育出版社
社　　址 北京市西城区德外大街 4 号
邮政编码 100120
印　　刷 涿州市京南印刷厂
开　　本 787mm × 1092mm　1/16
印　　张 10
字　　数 220 千字
购书热线 010-58581118
咨询电话 400-810-0598
网　　址 http://www.hep.edu.cn
　　　　 http://www.hep.com.cn
网上订购 http://www.hepmall.com.cn
　　　　 http://www.hepmall.com
　　　　 http://www.hepmall.cn
版　　次 2022 年 11 月第 1 版
印　　次 2022 年 11 月第 1 次印刷
定　　价 21.80 元

物 料 号 58916-00

前言

近代物理实验是高等学校物理学类专业本科生和研究生的一门专业课程，对于学生掌握近现代物理学知识，训练和提升科研创新能力起到十分重要的作用。吉林大学的近代物理实验课程是国家精品课程，课程教学团队多年来一直坚持以科研促进教学的理念，致力于课程的改革创新。为培养学生的科研创新能力，编者在课程后半段设置了具有科学研究特点的研究性实验环节。研究性实验项目来自吉林大学物理学院各专业方向，包括原子核物理、原子物理与光学、凝聚态物理、高温高压极端条件物理、声学等方向，以科研课题的方式组织教学。教学时间为 8 周，每周 6 学时。指导教师给出研究内容和要求，具体的实验过程，如文献调研、实验设计、实验操作、数据处理与分析等由学生自主完成，最后由学生完成一份研究报告。

为适应新的教学需求，课程教学团队重新编写了教材，将部分经典的近代物理实验项目编入《近代物理实验》，该书已于 2017 年由高等教育出版社出版，同时将近年来的研究性题目筛选凝练，编写成了本书。本书主要服务于近代物理实验研究性实验教学，也可以作为相关研究方向的一本入门教材或参考书。本书介绍了相关研究方向的基础知识、典型的研究方法和常用的仪器设备。学生可按照教材内容进行实验研究，也可以在该研究方向的框架内，对实验内容、实验方法进行一定的调整和改进，以适应科学研究的不断发展。

参加本书编写的教师均为近代物理实验课程教学团队成员，他们长期从事近代物理实验教学，同时也是各专业方向的科研骨干。吉林大学近代物理实验课程教学团队曾经获得吉林省高校省级教学团队称号。正是教学团队将各研究领域的前沿内容不断引入近代物理实验，才使课程一直保持先进性和前沿性。参与本书编写的教师有：陆景彬、马玉刚、赵广义、杨东、马克岩（原子核物理）；苏雪梅、卓仲畅、康智慧、王刚、王磊、崔淬砺、周密（原子物理与光学）；贺天民、纪媛、王鑫、梁桁楠、崔航、刘庆辉、付成伟、杜晓波、王学凤、郭庆、李永峰、薛燕峰（凝聚态物理）；李岩、丁战辉（高温高压极端条件物理）、吕伟国（声学）。编者感谢团队成员们为本书的编写付出的辛苦努力，同时也向为本书的出版提供帮助的吉林大学、吉林大学物理学院及高等教育出版社的同仁表示诚挚的感谢。

编者学术水平有限，书中难免有错误之处，敬希广大读者提出宝贵意见。

编　者

2022 年 1 月

目录

单元一

原子核物理

单元一　数字资源

1.1　符合测量

在核反应过程中，有许多在时间上相互关联的事件，这种相关的事件往往反映了原子核内在的运动规律。例如，原子核级联衰变所放出的粒子在时间上是相关的，又如上述衰变的粒子还有方向的相关性，即方向角关联。符合测量就是利用两个以上数目的探测器来记录在时间上有规律性联系或同时发生的两个或两个以上数目的事件的测量方法。符合测量被广泛地应用于原子核物理测量的各个方面，如宇宙射线的研究。在核反应的研究中，它可以被用来确定反应物的能量和角分布；在核衰变测量中，它可以被用来研究核衰变机制、级联辐射之间的角关联、短寿命放射性核素的半衰期等。近 20 年来，由于快电子学、多道分析器和多参量分析系统的发展以及电子计算机在核相关实验中的应用，符合测量方法已成为实现多参量测量必不可少的实验手段。

一、实验目的

本实验通过调整符合系统参量，选定工作条件，观察各级输出信号波形及时间关系，测量符合装置的分辨时间，测量^{60}Co 放射源的绝对活度，学习符合测量的基本方法。

二、实验原理

1. 符合法基本概念

(1) 符合事件

利用符合探测技术探测到两个或两个以上同时发生的事件称为符合事件。例如，一个原子核级联衰变时接连释放 β 射线和 γ 射线，则 β 射线和 γ 射线便是一对符合事件，这一对 β 射线、γ 射线，如果分别进入两个探测器，将两探测器输出的脉冲引到符合电路便可输出一个符合脉冲，如图 1.1.1 所示。符合法就是利用符合电路来甄别符合事件的方法。符合电路的每个输入道都称为符合道，两个符合道的符合称为二重符合，三个符合道的符合称为三重符合，依此类推。

图 1.1.2 是两个电压脉冲的符合示意图。符合电路主要由逻辑门控制，当两个输入端同时有正脉冲时，符合门打开，有脉冲输出，否则没有脉冲输出。

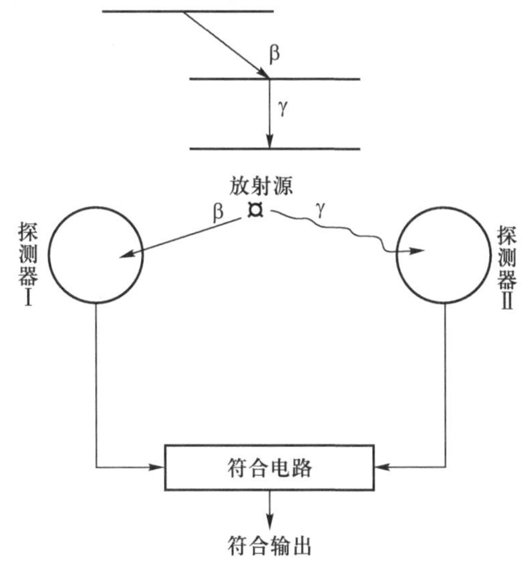

图 1.1.1　符合事件示意图

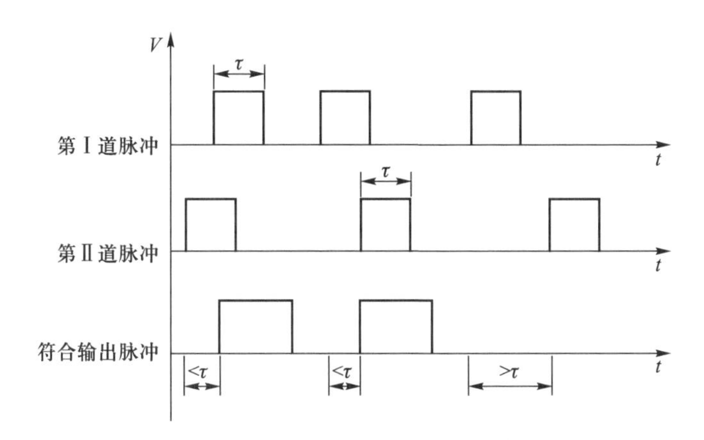

图 1.1.2　两个电压脉冲的符合示意图

实际上，探测器输出的脉冲总要经放大、整形，并具有一定宽度。当这样的两个脉冲到达符合电路的时间间隔小于这一宽度时，它们将被当成同时发生的事件记录下来。只有时间间隔大于 τ 的两个脉冲才能被符合电路分辨为不同时事件，τ 称为符合分辨时间。因此所谓的符合事件实际上是指相继发生的时间间隔小于符合分辨时间 τ 的事件。

（2）延迟符合与反符合

除符合电路外，人们还发展了延迟符合与反符合电路。选择不同时、但有一定延迟时间联系的脉冲符合称为延迟符合。而反符合电路与符合电路的逻辑功能相反。两个符合道同时有脉冲输入时，反符合门无输出脉冲；两个符合道中任一道有脉冲输入时，反符合门有脉冲输出。

（3）真符合与偶然符合

一个原子核级联衰变时接连放射两条射线，如果这两条射线分别进入两个探测器，将两探测器输出的脉冲引到符合电路输入端时，便可输出一个符合脉冲，这种一个事件与另一个事件具有内在因果关系(即相关性)的符合输出称为真符合。另外也存在不相关的独立事件相互符合,例如,有两个原子核同时衰变,其中一个原子核放出的粒子与另一个原子核放出的粒子同时分别被两个探测器所记录,这样的事件就不是真符合事件。这种不具有相关性的事件间的符合称为偶然符合。

(4) 偶然符合和符合分辨时间

如前所述,凡是相继发生在符合分辨时间 τ 以内的两个事件,均可能使符合装置产生一次符合计数。这与两个事件是否有内在因果关系无关,即符合计数包括真符合计数和偶然符合计数。每当在时间间隔 τ 内存在两个独立事件引起的脉冲时,它们就可能被符合装置作为符合事件记录下来,这种符合叫偶然符合。显然,τ 越大,发生偶然符合的概率越大,每道的无关事件计数率越大,偶然符合计数率也越大,它们间的关系可推导如下:

设有两个独立的放射源 S_1 和 S_2,分别用探测器 Ⅰ 和 Ⅱ 记录。两组源和探测器之间用足够厚的铅(Pb)屏蔽,如图 1.1.3 所示,在这种情况下,符合脉冲均为偶然符合。

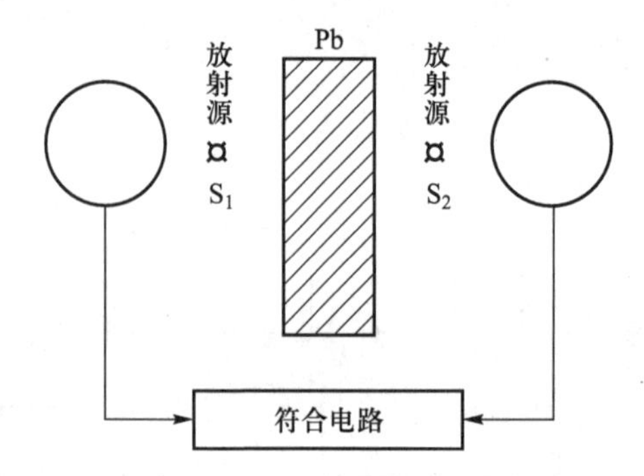

图 1.1.3 测量偶然符合示意图

我们假设两符合道的脉冲均为理想的矩形脉冲,其宽度为 τ。我们再设第 Ⅰ 道的平均计数率为 n_1,第 Ⅱ 道的平均计数率为 n_2,则在 t_0 时刻,第 Ⅰ 道的一个脉冲可能与从 $t_0-\tau$ 到 $t_0+\tau$ 时间内进入第 Ⅱ 道的脉冲发生偶然符合,如图 1.1.4 所示,其平均符合率为 $2\tau n_2$。因此,第 Ⅰ 道 n_1 个计数的偶然符合计数率 n_{rc} 为

$$n_{rc} = 2\tau n_1 n_2 \tag{1.1.1}$$

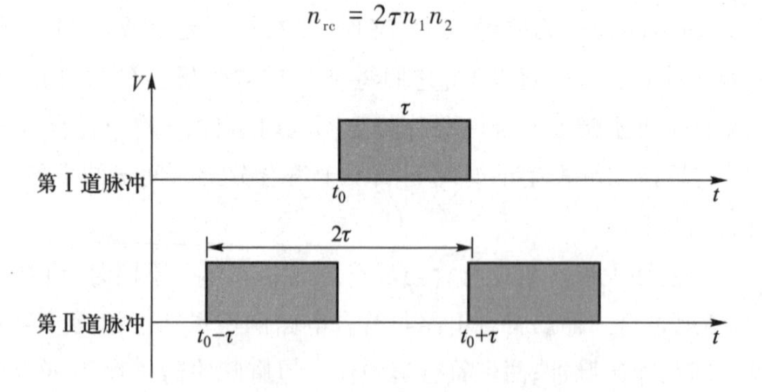

图 1.1.4 发生偶然符合的脉冲间隔

那么该符合电路的符合分辨时间为

$$\tau = n_{rc}/2n_1n_2 \tag{1.1.2}$$

对于 i 重符合,偶然符合计数率为

$$n_{rc} = i\tau^{i-1}n_1n_2\cdots n_i \tag{1.1.3}$$

显然,减小 τ 能够减少偶然符合概率,但是 τ 减小到一定程度时,由于辐射进入探测器的时间与输出脉冲前沿之间存在统计性的时间离散,同时事件的脉冲宽度可能因脉冲前沿的离散而大于符合电路的分辨时间 τ,在符合电路中不会引起符合计数,从而造成真符合的丢失。

2. 测量符合分辨时间的方法

对于独立事件,测量偶然符合计数率 n_{rc}和单道计数率 n_1 和 n_2,根据(1.1.2)式就可以得到符合分辨时间 τ。公式中 n_{rc}应纯粹是偶然符合计数率,但实际测出的符合计数率还包括本底符合计数率 n_b。本底符合计数率是由宇宙射线贯穿两个探测器和周围物体中剩余放射性核素的级联衰变以及散射等产生的符合计数构成的。因此实际测出的符合计数率为

$$n'_{rc} = n_{rc} + n_b = 2\tau n_1n_2 + n_b$$

$$\tau = \frac{n'_{rc} - n_b}{2n_1n_2} \tag{1.1.4}$$

在一定的实验条件下,可以认为本底符合计数率 n_b 是不变的。由(1.1.4)式可知 n'_{rc}与 n_1n_2 呈线性关系。通过改变放射源与探头的距离,可测得几组不同的符合计数率 n'_{rc}及相应的单道计数率 n_1 和 n_2。作 n'_{rc}对于 n_1n_2 的曲线,如图 1.1.5 所示,它是一条不过原点的直线,直线斜率即 2τ,截距为 n_b。

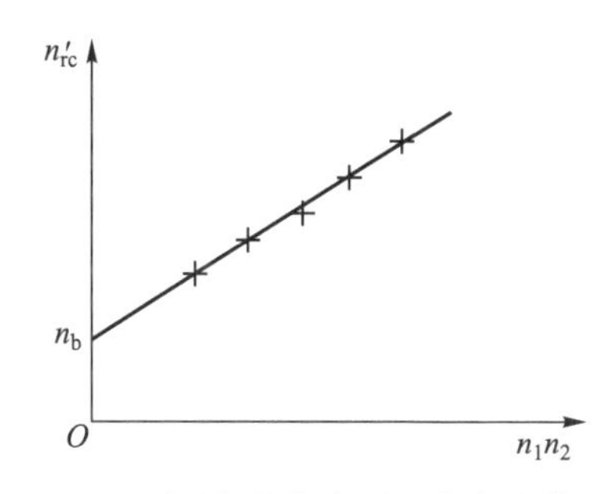

图 1.1.5 利用偶然符合测量符合分辨时间

3. β-γ 符合测量放射源绝对活度的方法

当^{60}Co 放射源衰变时,它同时放出 β 射线和 γ 射线,这称为级联辐射,其衰变纲图如图 1.1.6 所示。利用图 1.1.7 所示的实验装置作 β-γ 符合。^{60}Co 放射源放在两探测器之间,探测器 Ⅰ 用塑料闪烁体,用来测量 β 射线,虽然它对 γ 射线也灵敏,但探测效率低。探测器 Ⅱ 用 NaI(Tl)闪烁探测器或高纯锗(HPGe)探测器,并外加铝屏蔽罩,将^{60}Co 放射源发出的 β 射线挡住,而只能测量 γ 射线。

设放射源活度为 A_0,$n_{\beta0}$,$n_{\gamma0}$及 n_{c0}分别表示 β、γ 射线在 β、γ 探测器中引起的计数率及 β-γ 真符合计数率。令探测器 Ⅰ 对放射源 β 的探测效率为 ε_β,探测器 Ⅱ 对放射源 γ 的探测效率为 ε_γ,若本底符合计数率可以忽略,则第 Ⅰ 道的计数率为

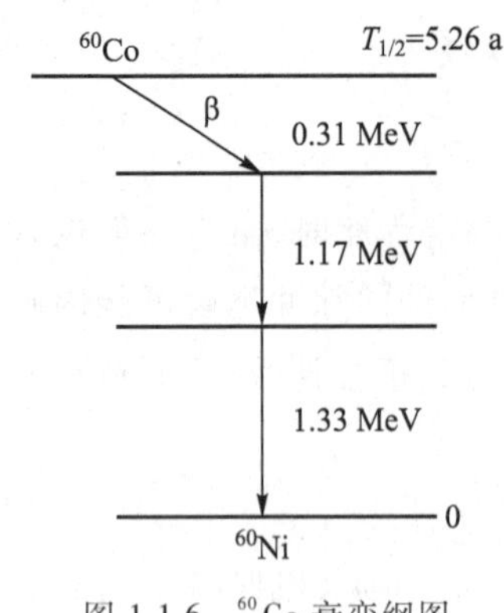

图 1.1.6 ^{60}Co 衰变纲图

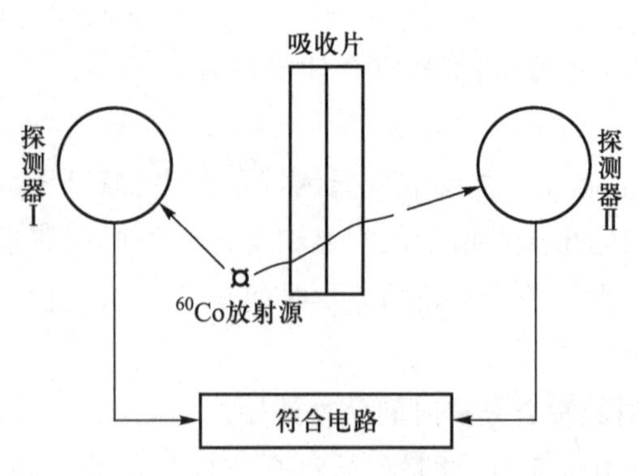

图 1.1.7 β-γ 符合装置示意图

$$n_{\beta0} = A_0\varepsilon_\beta \tag{1.1.5}$$

第Ⅱ道的计数率为

$$n_{\gamma0} = A_0\varepsilon_\gamma \tag{1.1.6}$$

真符合计数率为

$$n_{c0} = A_0\varepsilon_\beta\varepsilon_\gamma \tag{1.1.7}$$

由(1.1.6)式、(1.1.7)式得

$$A_0 = \frac{n_{\beta0}n_{\gamma0}}{n_{c0}} \tag{1.1.8}$$

由(1.1.8)式可以看出,活度只与两个输入道和符合道计数率有关,与探测器的效率无关,这给测量带来很大的方便。但是,从实验数据准确地得到活度 A_0 尚需进行一系列修正。因为实际测到的符合计数率包括偶然符合计数率、本底符合计数率及 γ-γ 符合计数率,各道计数率还需要扣除本底符合计数率,此外还应考虑所测核素衰变纲图的特点,如角关联、内转换等修正因素。

(1) β 道、γ 道和符合计数率的实验测定

β 道:直接测得的总计数率 n_β 并不全是 β 射线的贡献,还有本底符合计数率 $n_{\beta b}$ 和由 ^{60}Co 放射源发出的 γ 射线引起的计数率 $n_{\beta\gamma}$,所以真正 β 射线的计数率为

$$n_{\beta0} = n_\beta - (n_{\beta b} + n_{\beta\gamma}) \tag{1.1.9}$$

根据 ^{60}Co 放射源发出 β 射线的能量,在放射源上加上一块适当厚度的铝片,挡住 β 射线,此时,测得 β 道计数率为($n_{\beta b}+n_{\beta\gamma}$)。

γ 道:直接测得的总计数率 n_γ 包含本底符合计数率 $n_{\gamma b}$。真正 γ 射线的计数率为

$$n_{\gamma0} = n_\gamma - n_{\gamma b} \tag{1.1.10}$$

测量有源时计数率 n_γ 和无源时本底符合计数率 $n_{\gamma b}$,两者之差即计数率 $n_{\gamma0}$。

符合道:因 β 探测器对 γ 射线也有一定灵敏度,所以符合测量得到总符合计数率 n_c 为

$$n_c = n_{c0} + n_{\gamma c} + n_{\gamma\gamma} + n_{cb} \tag{1.1.11}$$

其中 $n_{\gamma c}$ 是偶然符合计数率,一般 $n_{\gamma c} \ll n_\beta$ 或 n_γ,$n_{\gamma c}$ 可由测得的 τ、n_β、n_γ 根据(1.1.3)式计算得

$$n_{\gamma c} = 2\tau n_{\beta} n_{\gamma} \tag{1.1.12}$$

n_{cb}是本底符合计数率。$n_{\gamma\gamma}$是进入 β 探测器的 γ 射线与 γ 道记录的 γ 射线引起的 γ-γ 真符合计数率。在^{60}Co 放射源上放适当厚度的铝挡片，测得的两道符合计数率 n_{cb0} 为

$$n_{cb0} = n_{\gamma\gamma} + n_{cb} + 2\tau(n_{\beta b} + n_{\beta\gamma})n_{\gamma}$$

$$n_{\gamma\gamma} + n_{cb} = n_{cb0} - 2\tau(n_{\beta b} + n_{\beta\gamma})n_{\gamma} \tag{1.1.13}$$

其中 $2\tau(n_{\beta b}+n_{\beta\gamma})n_{\gamma}$ 是 γ-γ 偶然符合。

由(1.1.9)、(1.1.11)、(1.1.12)和(1.1.13)式可得

$$n_{c0} = n_{c} - 2\tau n_{\beta 0} n_{\gamma} - n_{cb0} \tag{1.1.14}$$

由(1.1.8)、(1.1.9)、(1.1.10)和(1.1.14)式可得

$$A_0 = \frac{(n_{\beta} - n_{\beta b} - n_{\beta\gamma})(n_{\gamma} - n_{\gamma b})}{n_{c} - 2\tau n_{\beta 0} n_{\gamma} - n_{cb0}} \tag{1.1.15}$$

(2) 符合法测量放射源绝对活度的误差

对于用符合法测量^{60}Co 放射源活度的误差，我们从(1.1.15)式可以看到，当 $n_{\beta b}$、$n_{\beta\gamma}$ 和 $n_{\gamma b}$较小，又有 $2\tau n_{\beta 0} n_{\gamma}/n_{c} \ll 1$ 和$(n_{\gamma\gamma}+n_{cb})/n_{c} \ll 1$，且 n_{β} 和 n_{γ} 的相对误差都比 n_{c} 小得多时，放射源绝对活度 A_0 的相对误差 v_A 为

$$v_A = \sqrt{v_{\beta}^2 + v_{\gamma}^2 + v_{c}^2} \approx \gamma_{c} \tag{1.1.16}$$

(3) 用 β-γ 符合测活度的限制

真符合计数率与偶然符合计数率的比值，简称真偶符合比，是符合实验的一个重要指标。为保证真符合计数率大于偶然符合计数率，要求真偶符合比 $n_{c0}/n_{\gamma c}(=1/2\tau A_0) \geqslant 1$，所以 $A_0 \leqslant 1/2\tau$。这说明所测的活度不能很强。另外，源又不能太弱。源太弱，符合计数率很低，测量时间就要很长。从(1.1.16)式看出，τ 越小，偶然符合的影响也越小，但是分辨时间 τ 不能太小。当符合电路的分辨时间接近于时间离散时，同时性事件的脉冲，可能因脉冲前沿离散，而成为时距大于符合分辨时间的同时性脉冲被漏记。

三、实验装置

本实验采用的 β-γ 装置方框图如图 1.1.8 所示。

β 探头采用塑料闪烁体探测器，这种探测器经过改进可以具有对 β 射线灵敏，而对 γ 射线不灵敏的特性；测量 γ 能谱可采用 NaI(Tl)闪烁探测器和高纯锗(HPGe)探测器。NaI(Tl)闪烁探测器测量 γ 能谱，具有探测效率高、分辨时间短等优点。高纯锗(HPGe)探测器测量 γ 能谱，具有能量分辨率高[相较于 NaI(Tl)探测器要高出一两个量级]、线性范围宽、输出脉冲的上升时间快以及体积小等优点，但同时也存在受强辐射后性能变差(尤其是受中子照射后损伤)、输出脉冲幅度小、性能随温度变化较大等缺点。

其他仪器包括：线性放大器两个；单道分析器两个；高压电源两个；精密脉冲发生器一台；低压电源一个；符合电路一个；插件机箱一台；三路定标器一台；示波器一台；^{60}Co 放射源、^{137}Cs 放射源各一个；铝挡片一个。

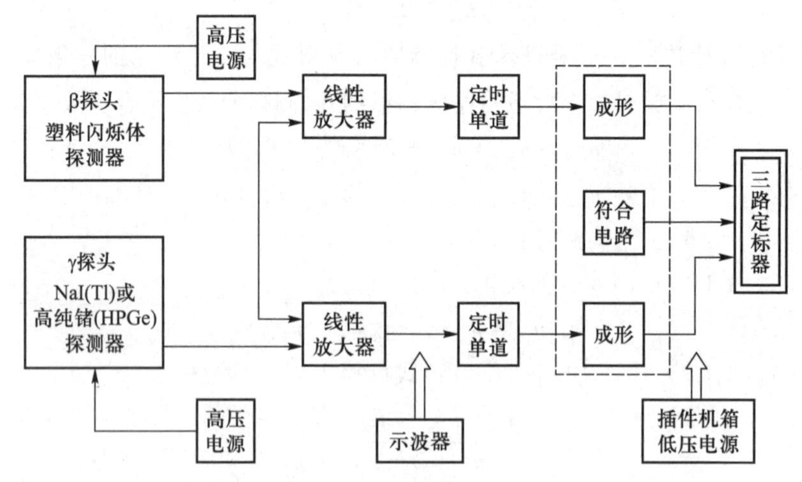

图 1.1.8　β-γ 装置方框图

四、研究内容

1. 按照图 1.1.8 的实验装置方框图,根据实际需要,连接具有适当分辨时间的符合电路。

2. 高压调节:放置^{60}Co 放射源,分别调节高压电源,用示波器分别监测探头输出,使输出脉冲幅度在 0.5 V 左右。

3. 放大器调节:调节线性放大器,使放大器输出脉冲幅度为 3~5 V。

4. 符合调节:按照图 1.1.9 连接实验装置,进行符合调节。

(1) 符合成形时间脉冲宽度定为 0.5 μs 左右。

(2) 用精密脉冲产生器给出信号调节符合延时时间,在同一条件下(脉冲宽度相同、信号线长度一致)用示波器监测,调节符合延时时间,使两脉冲时间对齐。

(3) 用三路定标器检测,单道设置为积分,固定其中一道的延时时间,改变另一道的时间,记录符合道的计数率。绘制符合计数率随延时时间的变化曲线,得到最佳延时时间。

(4) 单道调节:单道设置为“微分”,阈值为 0.5 V 左右,道宽为 5 V 左右。

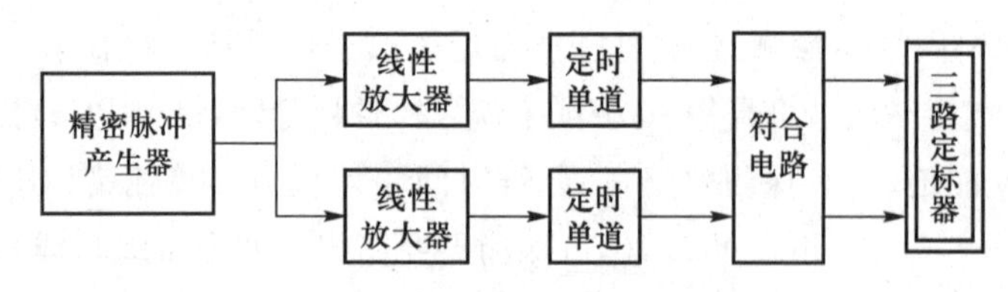

图 1.1.9　符合调节连接图

5. 用^{137}Cs 放射源作为偶然符合源(由于^{137}Ba 激发态平均寿命为 2.6 min,对于分辨时间为 μs 数量级的符合装置,产生真符合的概率远小于偶然符合,可以忽略,即认为符合输出的只是偶然符合计数率),分别用 β 探测器和 γ 探测器探测 β 射线和 γ 射线。改变放射源的位置,测出几组 n_1、n_2 和 $n'_{\gamma c}$,得出 $n'_{\gamma c}$ 和 n_1、n_2 的关系曲线(直线),根据(1.1.4)式由斜率求

出分辨时间 τ。^{137}Cs 放射源的衰变纲图如图 1.1.10 所示。

6. 换上 ^{60}Co 放射源（^{60}Co 的 β-γ 是瞬时级联发生的，它们之间是真符合事件）。第一次测出 n_γ、n_β 和 n_c；第二次加铝挡片测出（$n_{\beta b}+n_{\beta\gamma}$）和 n_{cb0}；第三次取走 ^{60}Co 放射源，测出 $n_{\gamma b}$，然后由（1.1.15）式计算出活度 A_0（单位为 Ci，1 Ci = 3.7×10^{10} Bq）。

7. 用衰变公式 $A=A_0e^{-\lambda t}=A_0e^{-t(\ln 2)/T}$（式中 T 表示放射源的半衰期，A_0 为某一时刻标定的放射源活度，在放射源出厂时应有相应标识，t 为实验时到标定时的时间差）求出理论上此放射源衰变至实验时的活度，再与实验中通过测量各物理量然后代入（1.1.15）式而得到的放射源的活度进行比较，一般情况下两者应满足关系

$$(A_{实}-A_{理})\times100\%<5\%$$

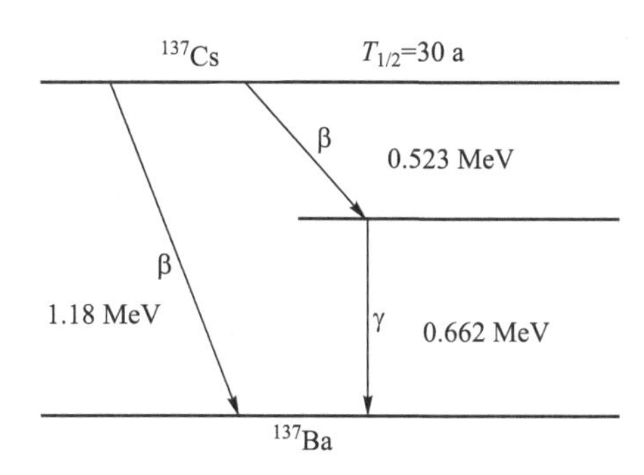

图 1.1.10 ^{137}Cs 放射源的衰变纲图

五、思考题

1. 测量符合电路的符合分辨时间能否使用两个独立的放射源进行？为什么？
2. 为什么要对符合延时时间进行调节？如果没有调节会有什么影响？
3. 有什么方法可以提高真偶符合比？
4. 符合测量方法在核辐射测量中可以有什么应用？
5. 真符合事件和偶然符合事件的区别是什么？如何进行区分？
6. 通过哪些方法可以减小放射源活度的测量误差？

六、参考文献

1.2 穆斯堡尔效应

由于自由原子核在发射和吸收 γ 射线时存在反冲作用,所以人们难于观测到原子核的 γ 射线共振现象。1957 年,年轻的德国物理学工作者穆斯堡尔在一次实验中发现,在室温下,把原子核束缚在晶格中,当其发射和吸收 γ 光子时,由于反冲能分担到整个晶格的质量上,部分原子核发射和吸收 γ 光子,没有反冲现象,这称为“穆斯堡尔效应”,穆斯堡尔也因为这一发现而获得了诺贝尔物理学奖。

γ 射线的共振吸收效应对能量极为敏感(10^{-14} ~ 10^{-10} eV 数量级),可以用来测量微小的能量变化。因为共振线非常窄,所以我们能直接观察能级超精细结构,测量电四极矩、同质异能移、磁偶极矩,从而可以知道待测样品在核周围的电荷分布、电场梯度和磁场以及化学键、价态、电子配位情况。穆斯堡尔谱学已成为研究固体材料的有力手段,可以直接有效地给出有关微观结构的信息。穆斯堡尔谱学在固体物理上主要被用于研究原子的运动(扩散和振动)、相变的特征(有序-无序的转变、铁电转变、铁磁转变、磁有序转变等)、电子的状态(键、氧化态、电子配置、电子转移)、金属与合金的磁性(超精细场及其分布、局域磁矩及其与温度的关系、非晶态磁性、超顺磁性)等。穆斯堡尔谱学还被广泛应用到基础物理学(用 ^{67}Zn 验证红移现象)、化学、生物学、地质学、矿物学、考古学等众多领域。目前已经发现的穆斯堡尔谱元素达 46 个,穆斯堡尔核素达 91 个,穆斯堡尔跃迁达 112 条。除 ^{57}Fe, ^{119}Sn, ^{151}Eu 这三种常见的穆斯堡尔核素外,其他的核素研究工作约占 17%,人们发现了 ^{240}Pu 的 42.9 keV, ^{178}Yb 的 78.7 keV 以及 ^{55}Mn 的 126 keV 等几条新的穆斯堡尔跃迁,这些跃迁以及核素的发现推动了穆斯堡尔谱学的发展。

一、实验目的

1. 掌握穆斯堡尔效应的原理。
2. 熟悉穆斯堡尔谱仪的结构和工作原理。
3. 掌握穆斯堡尔谱基本参量的测定方法。

二、实验原理

1. 穆斯堡尔效应

假如原子核 A 衰变到原子核 B 的激发态 B^*,然后从激发态 B^* 退激到基态 B 时,原子核 B 发射 γ 光子,当这一 γ 光子遇到另一个同样的原子核 B 时,就应被共振吸收。但对于自由原子核,要实现上述共振吸收是很困难的,因为发射和吸收 γ 光子的过程均由于原子核反冲而损失一部分能量 E_R。原子核在发射 γ 光子时,原子核的反冲动量是 $p=h\nu/c$,其方向与 γ 光子相反,原子核的反冲动能是 $E_R=p^2/2m=h^2\nu^2/2mc^2$。$h\nu$ 是光子的能量,m 是原子核的质量。反冲能量需要由原子核的跃迁能来提供,$E_0=E_2-E_1$,这样,原子核发射的 γ 光子能量应为 $E_\gamma=E_0-E_R$,吸收时需要的 γ 光子能量为 $E_\gamma=E_0+E_R$(图 1.2.1)。由于 E_R 远大于谱线的自然宽度 ΔE,所以吸收谱线与发射谱线没有重叠部分,不能发生共振。

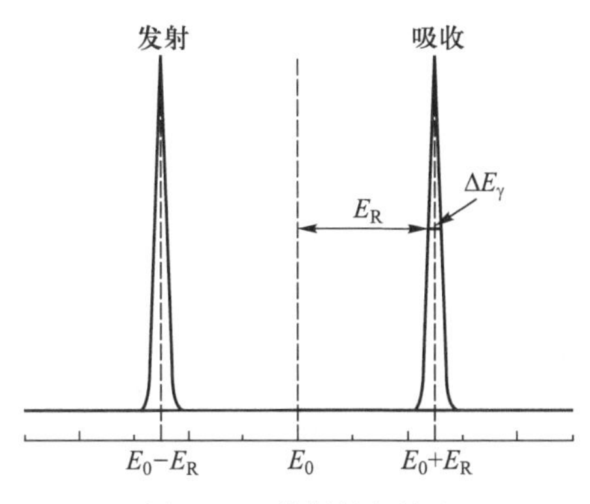

图 1.2.1 穆斯堡尔效应

在自由原子或分子中,发射和吸收 γ 光子存在反冲作用,不能发生共振。如果使发射和吸收光子的原子核束缚在固体晶格中,则可以消除反冲作用而得到共振吸收。这种原子核无反冲地共振吸收 γ 光子的现象称为穆斯堡尔效应。当穆斯堡尔原子核的反冲能量小于它在固体中的结合能时,反冲能量主要转化为晶格平均振动能。晶格振动能的变化量是声子能量 $h\omega_E$ 的整数倍,ω_E 为爱因斯坦固体特征振动频率。当 $E_R<h\omega_E$ 时,原子在发射和吸收 γ 光子的过程中,或者激发声子,或者不激发声子,其中不激发声子的概率 f,又叫无反冲分数,由理论计算给出:

$$f=\exp(-K^2\langle x^2\rangle) \tag{1.2.1}$$

式中 K 为 γ 光子的波矢,$\langle x^2\rangle$ 是原子振幅的均方值。

如采用德拜模型,我们可得到无反冲分数的下述表达式:

$$f=\exp\left\{\frac{-6E_r}{k_B\theta_D}\left[\frac{1}{4}+\left(\frac{T}{\theta_D}\right)^2\int_0^{\theta_D/T}\frac{x}{e^x-1}dx\right]\right\} \tag{1.2.2}$$

当 $T\ll\theta_D$ 时,

$$f=\exp\left[\frac{-E_r}{k_B\theta_D}\left(\frac{3}{2}+\frac{\pi^2\Gamma^2}{\theta_D^2}\right)\right] \tag{1.2.3}$$

当 $T>\theta_D$ 时，

$$f=\exp\left(\frac{-6E_r T}{k_B\theta_D}\right) \tag{1.2.4}$$

式中 $\theta_D=\hbar\omega_D/k_B$ 为德拜温度。从这些公式可得到

(1) 反冲能量减少，f 增大；

(2) 温度下降，f 增大；

(3) 德拜温度高的固体的 f 大。

2. 穆斯堡尔参量

实际上，穆斯堡尔原子核处在轨道电子和相邻原子（或离子）的电磁场之中。核电荷、核磁矩和电四极矩与核位置的电磁场相互作用（超精细相互作用），使核能级移动和分裂，共振吸收谱线发生变化。为了完整测量共振谱线，必须使 γ 射线的能量在一定范围内变化。穆斯堡尔实验通常采用使放射源和吸收体之间作相对运动的方式，通过多普勒附加能量来调制 γ 射线的能量。若吸收体静止，放射源以速度 v 沿直线朝向吸收体运动，则调制后的 γ 射线能量为

$$E_\gamma=E_0\left(1+\frac{v}{C}\right)$$

穆斯堡尔谱有下列三个参量：

(1) 同质异能移

我们研究原子的电子结构时，通常把原子核看作点电荷。但实际上原子核有一定的体积，而且 s 电子也有一定的概率透入核内。在核内，电子和核电荷之间的相互作用能量要比在核外略少。这一减少的能量为

$$\delta E=\frac{2\pi}{3}Ze^2|\varphi(0)|^2\langle R^2\rangle \tag{1.2.5}$$

$|\varphi(0)|^2$ 为核位置的电子电荷密度，$\langle R^2\rangle$ 为核半径的均方值。

处于不同能级的原子核半径不同，根据(1.2.5)式，激发态和基态的能移也不同，在穆斯堡尔实验中，一般测量的是放射源和吸收体中两种 γ 跃迁的能量差，如图 1.2.2 所示。

$$\delta=\frac{4\pi}{3}Ze^2(|\varphi(0)|_A^2-|\varphi(0)|_S^2)R^2\frac{\delta R}{R} \tag{1.2.6}$$

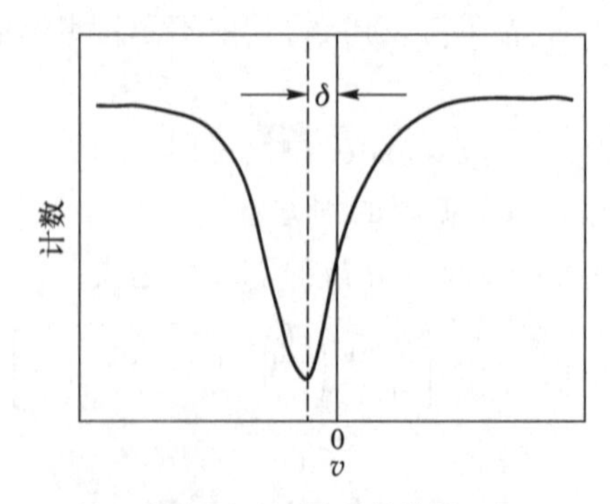

图 1.2.2　同质异能移

同质异能移一方面反映了激发态核半径与基态核半径之差，另一方面反映了原子核所处的电子密度。同质异能移可以用来确定电子结构，进而研究穆斯堡尔原子的价态和自旋态、化学键性质、氧化态和配位基的电负性等。

（2）电四极分裂

非球对称原子核具有电四极矩。如果核外电荷在核位置形成一定的电场梯度，就会产生电四极相互作用。在轴对称电场梯度情况下，这一相互作用能量为

$$E_Q = \frac{eQV_{zz}}{4I(2I-1)}[3m_I^2 - I(I+1)] \tag{1.2.7}$$

电四极相互作用使^{57}Fe的 14.4 keV 能级分裂成两个次能级，基态能量不变。这样形成两组 γ 跃迁，其能量差 ΔE_Q 就叫电四极分裂：

$$\Delta E_Q = E_Q\left(m_I = \pm\frac{3}{2}\right) - E_Q\left(m_I = \pm\frac{1}{2}\right) = \frac{eQV_{zz}}{2} \tag{1.2.8}$$

式中 $m_I=I, I-1, \cdots, -I$ 为原子核的磁量子数，I 为核自旋量子数，Q 为原子核电四极矩，V_{zz} 为电场梯度的 z 轴分量。电四极分裂（图 1.2.3）给出了核电四极矩和原子核处电场梯度的信息，从核电场梯度能够确定核周围电子、原子或离子分布对称性。

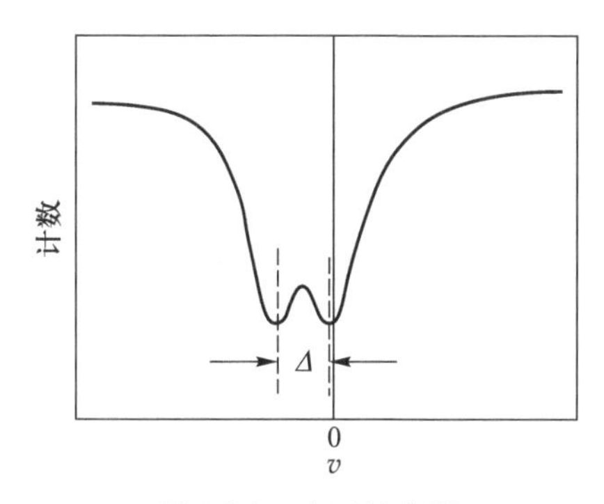

图 1.2.3　电四极分裂

（3）磁偶极分裂

原子核具有磁偶极矩，它和核位置的固体内部磁场产生相互作用，使核能级分裂，其相互作用能量为

$$E_m = -\mu H_i m_I / I = -g\mu_N H_i m_I \tag{1.2.9}$$

其中 μ_N 为核磁子，g 为核的朗德因子。从(1.2.9)式可知，核能级在 H_i 的作用下分裂成 $2I+1$ 个次能级。根据选择定则 $\Delta m=0, +1$，只允许 6 种跃迁，形成磁偶极分裂谱（图 1.2.4）。根据磁偶极分裂谱可以确定固体内部磁场 H_i，从而测定不同晶位、不同局域环境下的磁矩、铁磁-顺磁相变、铁磁-超顺磁相变等。

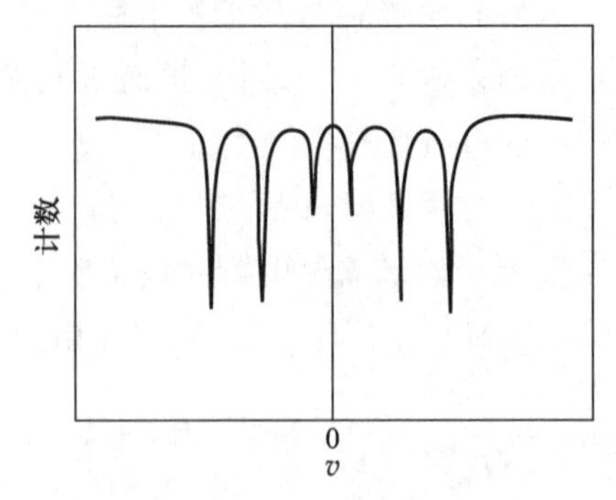

图 1.2.4 磁偶极分裂

三、实验装置

图 1.2.5 为穆斯堡尔谱仪的示意图。

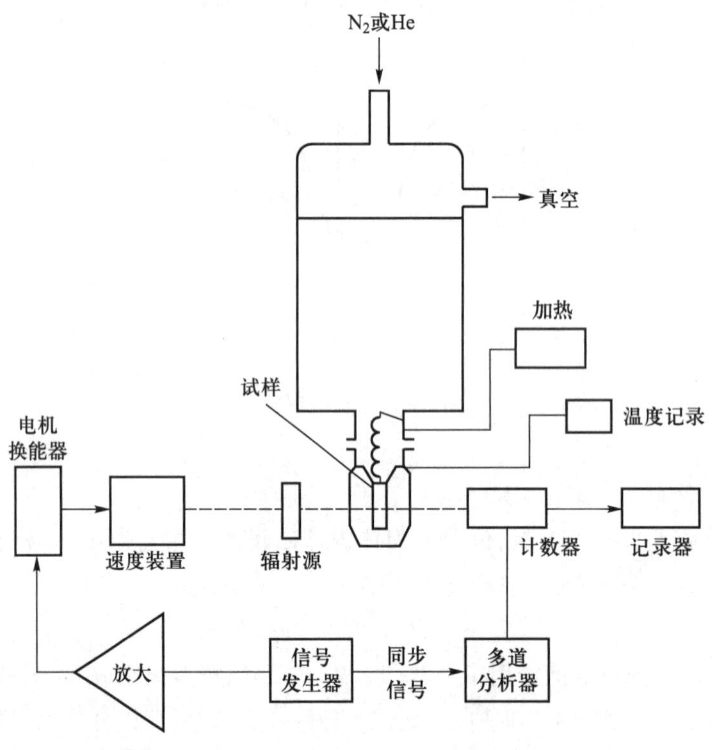

图 1.2.5 穆斯堡尔谱仪示意图

三角波：在波形的前半周从 $-v_{max} \sim +v_{max}$，速度在单位时间间隔内增加量相同，把整个三角波的一个周期分成 512 个时间间隔，而相应使用 512 道时间方式多道分析器(多定标器)，中间时刻是零道，这样速度就与道数对应。

正比计数管：输出脉冲幅度与初始电离能量有正比关系的粒子探测器，可以用来计数单个粒子，并根据输出信号的脉冲高度来确定入射辐射的能量。

^{57}Co 放射源(Pd 基体)：提供大量具有 14.4 keV 能量的 γ 射线。

四、研究内容

1. 了解单道分析器的用途以及能谱的测量方法。
2. 熟悉穆斯堡尔谱仪的装置以及取谱方法和样品要求。
3. 测量 α-Fe 的穆斯堡尔谱。

五、参考文献

附录 典型实验数据处理方法

(1) 计算道增益：

$$\Delta E_Q = \frac{v_6 - v_1}{N_6 - N_1} = \frac{10.657}{N_6 - N_1}[\text{mm/(ch}\cdot\text{s)}]$$

实验中已经测得的是道址和 γ 射线透射计数的函数关系。由于 α-Fe 的穆斯堡尔谱已经被多次精确测量过，相应值具有较高准确度，所以通常采用 α-Fe 的穆斯堡尔谱作为标样来校准和标定谱仪。设已经测量得到的 α-Fe 六线谱的位置对应的道址分别为 $N_1, N_2, N_3, N_4, N_5, N_6$，而已经知道第 1 峰和第 6 峰所对应的速度差为 $v_6-v_1=10.657$ mm/s，那么每一个道址所对应的速度增量(即道增益)为

$$k = \frac{v_6 - v_1}{N_6 - N_1} = \frac{10.657}{N_6 - N_1}[\text{mm/(ch}\cdot\text{s)}]$$

当然这里道增益的大小，可以通过调节速度驱动电源所提供的电压来控制。

(2) 零速度所对应的道址 N_0：

我们采用的放射源是衬底为 Pd 的 ^{57}Co 放射源，通常可以写为^{57}Co/Pd。用此放射源测量得到的 α-Fe 六线谱的位置应该在-0.185 mm/s。它相当于这个放射源与标准样品 α-Fe 之间的同质异能移。所以我们可以根据 $\delta=\frac{v_1+v_2+v_5+v_6}{2}$ 来计算实验中测量得到的 α-Fe 谱的重心位置，然后就可以定出零速度所对应的道址。

(3) 求出 α-Fe 的六峰对应的速度，定出 $\Delta E, \Delta E_Q, \Delta E_e, \Delta E_g$，已知 α-Fe 的内磁场 $H=$

33 T,计算^{57}Fe的基态与第一激发态的朗德因子 g_{ne},g_{ng}。

(4) 由实验测得的谱峰宽度,估算 α-Fe 谱的第一激发态的寿命和穆斯堡尔谱的能量分辨率,计算中会用到两个物理常量:$\mu_N = 5.05\times10^{-27}$ J/T,$\hbar = 1.055\times10^{-34}$ J · s。

1.3 核电四极矩共振

1951年,德国科学家德梅尔特和克吕格尔在固体中首次观察到^{35}Cl和^{37}Cl的核电四极矩共振(NQR)的信号。1952年,蔡格在$Tl^{35}Cl$的原子束实验中也观察到^{35}Cl的核电四极矩共振信号。从核电四极矩共振可以获得许多有关化学键的信息,因此它是研究固体结构的一种分析工具。该方法灵敏度高、简便、观察迅捷,其准确度提高了百万倍。人们运用傅里叶变换和数字技术,还可以进一步提高其灵敏度和分析能力。

核电四极矩共振主要的研究对象、发展情况及其应用有:

(1) 准确测量核的自旋I、核电四极矩Q,并确定其正负性。

(2) 准确测量分子的立体结构和晶体的结构(原子在晶胞中的位置、键长、纯度、杂质、缺陷、位错等)。

(3) 准确观察晶体的相变、点阵运动的模式和动态过程(如测定分子晶体中分子的扭动模式、平均惯量矩和扭动频率)。

(4) 确定点阵或分子中共振核的不等价位置。

(5) 鉴定、控制化学合成品的纯度,探测杂质的分量和性质。

(6) 研究固体中化学键的特性。

(7) 核电四极矩共振频率对温度变化很灵敏,用该方法制成的温度计的精密度可达万分之几摄氏度。

(8) 低频核电四极矩共振的探测研究。自从双共振核电四极矩共振方法获得成功后,人们探测到了以前不能探测到的低频核(如^{14}N)、低丰度核(如^{2}H,丰度为0.015%)在许多重要生物分子(如DNA、RNA和多种氨基酸)中的特性谱。

(9) 核电四极矩共振(NQR)射频谱分析,可用于检测高危险爆炸物。微弱NQR信号检测正成为NQR技术中的研究热点,核电四极矩共振的研究和应用展现出新的前景。

一、实验目的

1. 了解核电四极矩共振原理。
2. 利用超再生核电四极矩谱仪测量固态$KClO_3$和$NaClO_3$样品的核电四极矩吸收谱。

二、实验原理

物质中每个原子核总是处于周围带电粒子所形成的电磁场中，如果电场梯度不为0，核的电四极矩与电场发生相互作用，使原子核具有相应的能量，表现为一系列分立的能级。如果从外部施加一频率为ν的电磁场，$h\nu$（h为普朗克常量）等于原子核电四极矩能级的能量之差，原子核便吸收外部电磁场能量而从低能级跃迁到高能级，而处于高能级的原子核也会辐射相应频率的电磁波回到低能级，这就是原子核电四极矩共振。

1. 电四极矩的定义

从物理的角度来看，大多数原子核的形状是略偏离于球形的轴对称椭球，核电四极矩就是衡量原子核偏离球形程度的物理量。

从核内电荷分布的角度来看，考察z轴上z_0处电势，有

$$\phi = \frac{1}{4\pi\varepsilon_0}\int_V \rho(x',y',z')\frac{\mathrm{d}\tau}{R} = \frac{1}{4\pi\varepsilon_0}\rho\int_V \frac{\mathrm{d}\tau}{R} \tag{1.3.1}$$

式中ρ是电荷体密度。假如核内电荷均匀分布，由于

$$\frac{1}{R} = \frac{1}{\sqrt{z_0^2 + r'^2 - 2z_0 r'\cos\theta}} = \sum_{l=0}^{\infty}\frac{r'^2}{z_0^{l+1}}\mathrm{P}_l(\cos\theta)$$

$\mathrm{P}_l(\cos\theta)$是勒让德多项式。

$$\mathrm{P}_0(\cos\theta) = 1$$

$$\mathrm{P}_1(\cos\theta) = \cos\theta$$

$$\mathrm{P}_2(\cos\theta) = \frac{1}{2}(3\cos^2\theta - 1)$$

有

$$\begin{aligned}\phi &= \frac{1}{4\pi\varepsilon_0}\sum_{l=0}^{\infty}\frac{1}{z_0^{l+1}}\rho\int_V r'^2\mathrm{P}_l(\cos\theta)\mathrm{d}\tau \\ &= \frac{1}{4\pi\varepsilon_0}\left[\frac{Ze}{z_0} + \frac{1}{z_0^2}\rho\int_V \mathrm{d}\tau + \frac{1}{2z_0^3}\rho\int_V(3z'^2 - r'^2)\mathrm{d}\tau + \cdots\right]\end{aligned} \tag{1.3.2}$$

式中第一项是单电荷的电势，即核的总电荷集中于核中心时所产生的电势；第二项是偶极子的电势；第三项是四极子的电势。实验和理论分析表明，原子核无电偶极矩，电八极矩及其他电多极矩可以忽略。

从(1.3.2)式可以看出，核外电磁场中的电场分量主要与核的电四极矩作用，另外磁场分量主要与核的磁偶极矩作用。理论和实践证明，电磁波和原子核之间的相互作用主要取决于电场分量和电四极矩的作用。因此，在NQR的作用过程中同样存在磁相互作用。我们可以在无塞曼分裂的情况下观察到NQR现象，不需要预极化。

定义：

$$Q = \frac{1}{e}\int_V \rho(3z'^2 - r'^2)\mathrm{d}\tau \tag{1.3.3}$$

为核电四极矩。可以看到,假设原子核内电荷均匀分布,则其电势可以等效于一个单电荷电势和四极子电势之和。四极子电势与电荷分布的形状密切相关,所以原子核的形状决定核电四极矩的大小。

设椭球对称轴半轴长为 c,另两个半轴长为 a,则有

$$Q = \frac{2}{5}Z(c^2 - a^2) \tag{1.3.4}$$

根据核电四极矩 Q 的大小和符号可以推出原子核偏离球形的程度(图 1.3.1)。

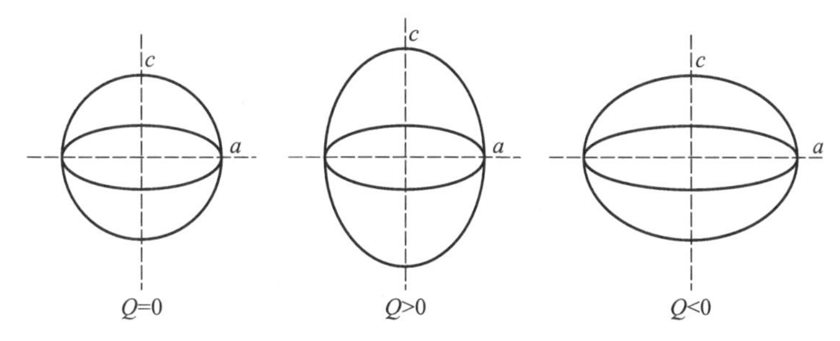

图 1.3.1　核电四极矩 Q 与原子核偏离球形的程度

2. **核电四极矩共振**

核电四极矩与不均匀电场间作用的能量是量子化的,在电场梯度轴对称的情形下,所允许的能量为

$$E_M = \frac{eqQ}{4I(2I-1)}[3M_l^2 - I(I+1)] \tag{1.3.5}$$

式中 q 是电场梯度,取决于核周围电荷的分布,eqQ 称为原子核电四极矩耦合常量,$M_l = l$, $l-1,\cdots,-l$。由于$\pm M_l$ 都取同一能量,故能级二重简并。l 是半整数时,有 $l+1/2$ 个二重简并能级,l 是整数时,有 l 个二重简并能级和 1 个非简并能级($M_l = 0$),于是在不均匀电场中存在如图 1.3.2 所示的能级。

不同能级间可以发生跃迁,服从一定的选择定则:$\Delta M_l = \pm 1$。所以当外加射频电磁场频率满足

$$h\nu = \Delta E = eqQ\left[\frac{3}{4I(2I-1)}\right][2|M_l| - 1] \tag{1.3.6}$$

时,核电四极矩从射频电磁场中吸收能量并从低能级跃迁到高能级,产生核电四极矩共振。

对于氯中的^{35}Cl 同位素,其核自旋角动量量子数 l 为 3/2,磁量子数 M_l 为$\pm 3/2$ 和$\pm 1/2$,简并度为 2,有两个核电四极矩的能级,能级差正比于晶体电荷的电场梯度,可导出下式:

$$\nu_T = \frac{1}{2h}eqQ \tag{1.3.7}$$

式中 ν_T 为能级跃迁的频率,h 为普朗克常量,e 是元电荷,Q 是核电四极矩,q 是沿主轴方向的电场梯度。在晶体中,由于分子的振动,电场梯度和跃迁频率有一个负温度系数。

3. **超再生核电四极矩共振谱仪工作原理**

如图 1.3.3 所示,用正弦波控制超再生振荡器的振荡频率,从而控制线圈中电磁场变化

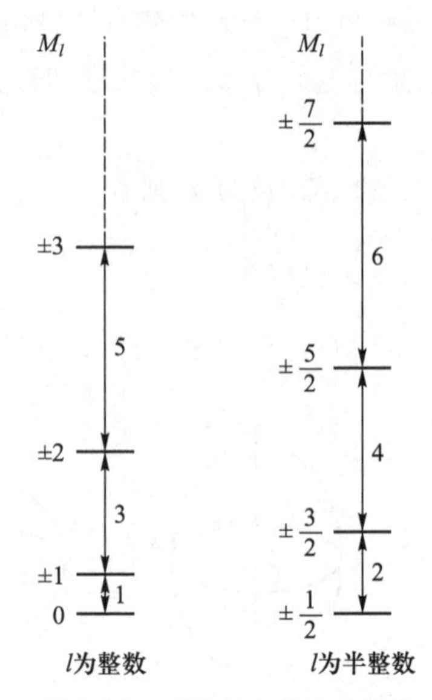

图 1.3.2　不均匀电场中的能级

的频率，达到扫频的目的。频率可以通过频率计监控。当频率合适时，样品中的目标核吸收能量，线圈中的电磁波被吸收，再通过简单的检波放大电路，就能在收集软件窗口看到吸收波形。

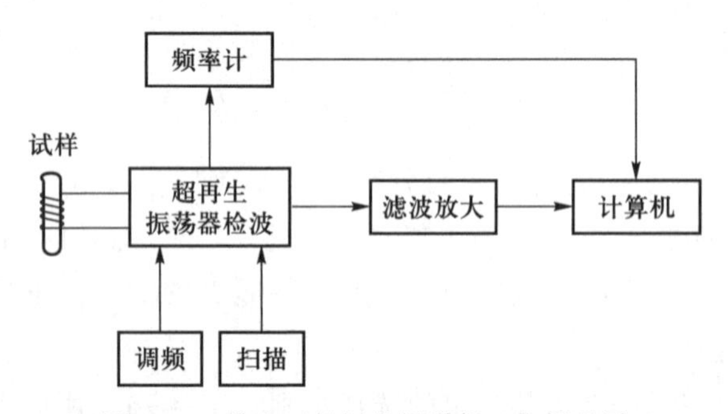

图 1.3.3　核电四极矩共振谱仪工作原理图

4. NQR **信号探测**

由于 NQR 信号很微弱，所以本实验采用超再生法对 NQR 信号进行放大以便观察。

通过适当选择超再生振荡器的淬灭频率 f_Q，可以使信号通过超再生振荡器后得到如图 1.3.4 所示的波形。f_Q 的调节对本实验是否成功起决定性作用。由波形可知，淬灭频率将直接决定淬灭周期结束后的残存电平 U_1，通过将残存电平作为新的激励周期的输入电压即可实现超再生，显然每次残存电压之间存在一定的"相干方式"。同时振荡电路始终存在微小噪声电平 U_n。当 $U_1 \ll U_n$ 时，为不相干状态；当 $U_1 \gg U_n$ 时，为强相干状态，这两种情况下均无法接收到 NQR 信号。当 $U_1 < U_n$ 时，为弱相干状态，此时 NQR 信号的信噪比差。只有当 $U_1 \geqslant U_n$ 时，即临界相干状态下，才可以获得清晰明显的 NQR 信号。

由于临界相干范围很小，我们需要仔细调节信号。发生 NQR 共振吸收后，会引起振荡

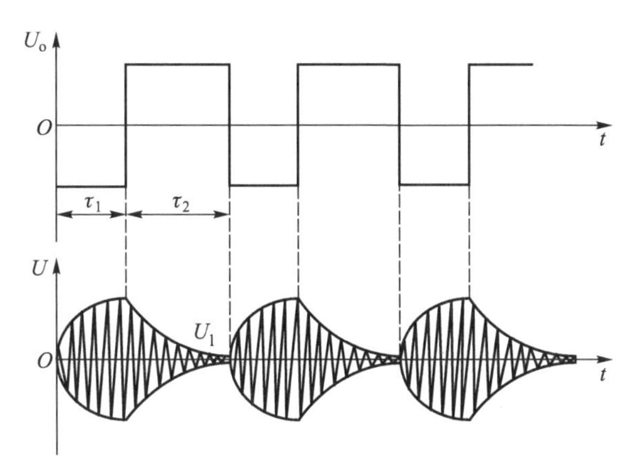

图 1.3.4 核电四极矩共振谱仪超再生振荡波形图

包络面的下降,通过检测振荡包络面的变化,即可实现对待测信号的放大。

5. NQR **信号的判别**

由于超再生电路的灵敏度很高,易受到外来信号的干扰,最终形成波形的信号不一定来自 NQR 信号,所以需要对最后的波形进行检验。

本实验采用的是外加磁场判别法:对样品施加恒定磁场时(永磁铁靠近样品),NQR 信号所形成的波形(图 1.3.5)将会由于塞曼效应变宽、分裂而消失于噪声中,干扰信号不会受到影响,即可对真假信号进行判别。

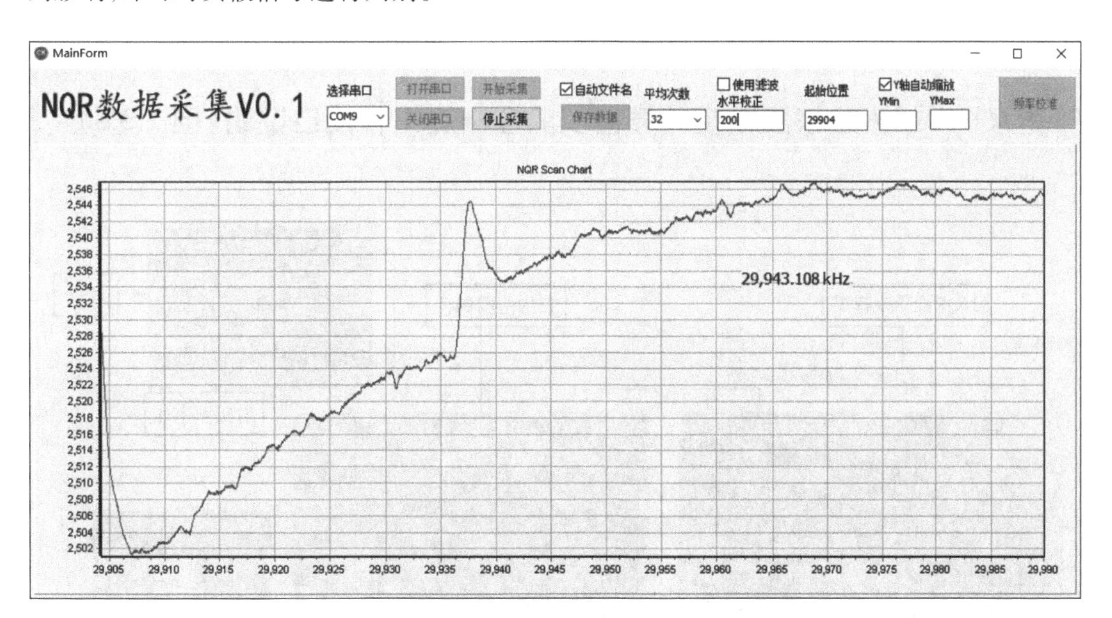

图 1.3.5 核电四极矩共振谱

超再生核电四极矩共振谱仪的控制旋钮和接口说明以及电路图可见附录。

三、实验装置

超再生核电四极矩共振谱仪，固态 $KClO_3$ 和 $NaClO_3$ 样品，磁铁。

四、研究内容

1. 测量固态 $KClO_3$ 样品的 NQR 信号及共振频率。
2. 测量固态 $NaClO_3$ 样品的 NQR 共振频率。
3. 研究固态 $KClO_3$ 样品中 ^{35}Cl 的 NQR 信号频率与温度的关系。
4. 研究外加恒定磁场对核电四极矩共振曲线和频率的影响。

五、参考文献

附录 1 超再生核四极矩共振谱仪的控制旋钮和接口说明（图 1.3.6）

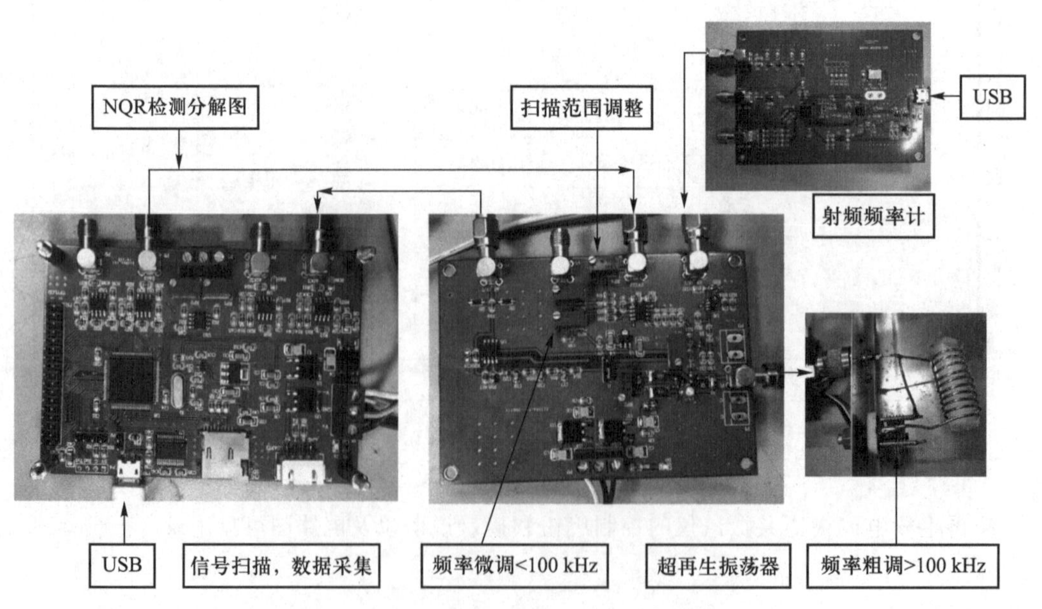

图 1.3.6 超再生核电四极矩共振谱仪结构图

样品室内即一个 LC 电路，LC 电路的电容 C 是由样品室的电容和变容二极管并联组成的。金属样品室内的电容是空气可变电容，调整空气可变电容的角度可以改变电容的大小，进而改变振荡的中心频率。L 是镀银铜导线制成的线圈。使用镀银铜导线可获得较小的损耗和较大的 Q 值。

电路板上，五个可调节的电路元件分别为 RP2，RP3，RP4，RP5，Q1。

调节 RP2 即可通过调制电路中 RC 的充放电时间，使结场效应管偏离工作点，来调整淬灭频率。

调节 RP3 即可通过微调变容二极管两端电压，来微调振荡中心频率。

调整 RP4 即可通过调整分压来改变电压扫描范围，改变电容的大小，来改变频率扫描范围。

RP5　在调制电路中，由于没有使用调制功能，调制电路没有接入电路。

Q1　可以调节其反馈强度，在调整到适合的工作点后即不需要调整。

RFH1　如果直接接探测线圈，由于电路对损耗敏感，会影响电路的振荡状态，所以接入一个起隔离作用的放大器。

RF2　接入 3 级低通滤波器（通频约几百赫兹）和一个高通滤波器组成的一个带通滤波器，将 NQR 振荡幅度发生变化造成的射频信号的幅度变化量提取出来。

AFout　接入 AD 转换，进入计算机读取数据。

单片机 DAC　输出一个扫描电压，作用到变容二极管上，使频率发生变化，低频段和高频段频率校准，即读取电压变化的极小值和极大值所对应的频率，再将其线性分割为横轴。

附录 2　信号处理参数设置面板

如图 1.3.7 所示，信号处理参数设置面板涉及内部频谱采集电路板。它的主要作用为：

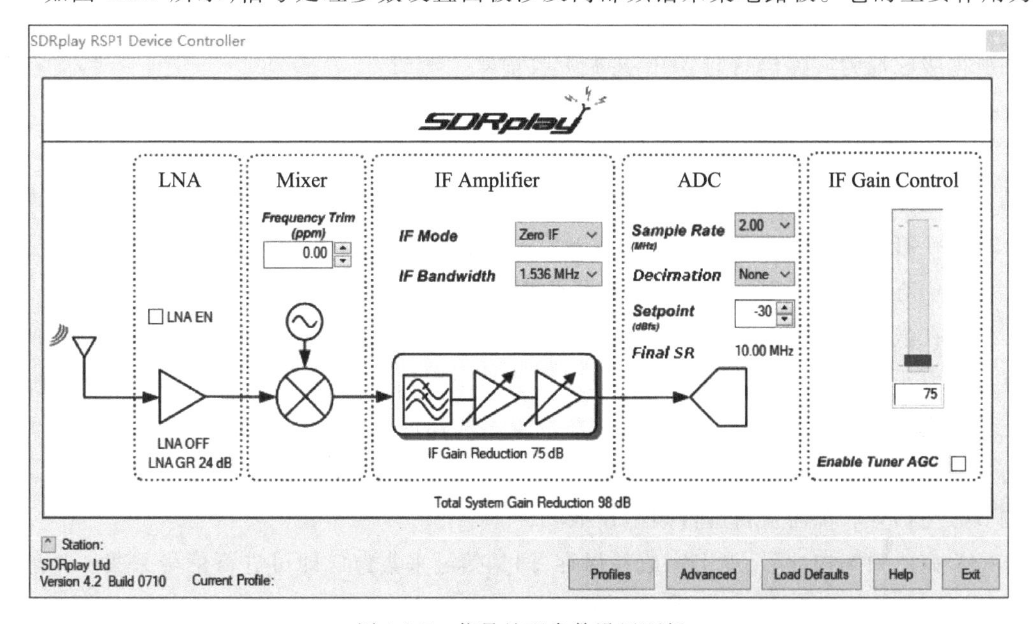

图 1.3.7　信号处理参数设置面板

通过调整 LNA(低噪声放大器)和 IF Gain Control 可以改变输入信号的总增益,以获得一个较好的信号。其他模块在电路调整好后保持默认状态即可。IF Gain Control 是衰减量,若衰减量调到最低,信号仍不够大,则可以打开 LNA,但是一般维持最大衰减量即可,否则会过载。

附录 3 核电四极矩共振谱仪操作方法

1. 打开金属样品室,放入固态氯酸钾($KClO_3$)样品,盖好金属样品室隔离盖。

2. 打开直流电源±15V;打开 NQR 软件,选择串口 COM。

3. 打开频率校准界面并调节。

(1) 调整频率校准界面中的采样率到较高采样率,找到最高的峰,两侧谐波形状对称。旋转频率粗调螺丝,调节样品室内的空气可变电容,使振荡频率中心在预计吸收频率附近;随后调整界面上的中心频率为预计吸收频率。

(2) 通过调节 RP2 来调节淬灭频率,可以观测到从噪声很大到噪声很小的过程中,噪声急剧变化,并且可以在高采样率中观测到伴随峰的间距变化,在低采样率中观测到伴随峰的微小偏移。在低采样率下将图像中的峰调整到该范围中央位置左右、略带噪声的状态,此即临界相干状态。

(3) 选择较低采样率,在低频段获取起始频率,在高频段获取终止频率后,使预计的吸收频率在起始和终止频率范围之中,确认并保存。

4. 回到采集页面,开始采集,选择平均次数为 32,如果曲线倾斜过大导致现象不明显可以调整水平校正,屏幕显示的是相对原振幅的振幅变化量,吸收峰可正可负,找到明显的峰后,可以打开滤波器使曲线平整。

5. 得到信号后,用磁铁靠近样品可以观测到吸收峰变宽、变矮、分裂甚至消失的现象,即说明所得吸收峰为实际样品的 NQR 共振吸收信号。

提示:

(1) 由于低采样率下扫描范围较窄,所以应先在高采样率下进行粗调。粗调工作点,使屏幕中出现振荡信号,调节调频改变振荡信号中心频率,使最高峰频率比频谱中心频率低 50 kHz~60 kHz,这样选择低采样率时可以看到所取扫描范围内的振荡信号。

频谱中心频率应根据室温预估所测样品理论值,对照选取。

(2) 在低采样率下低频段观察到振荡信号后,选择高频段。此时若无振荡信号,或所获取终止频率小于起始频率,应适当调节扫频,适当减小扫描范围(一般取 50 kHz~60 kHz),并在低频段尽量将振荡信号置于屏幕靠左位置。选择低频段到高频段后,振荡信号发生类似向右平移的现象,此时分别于低频段、高频段获取起始、终止频率即可完成频率校准。每次调节振荡信号后都需重新进行频率校准。

(3) 完成频率校准后,点击完成并保存,回到信号采集窗口即可进行信号采集。一般信号采集过程平均次数取 32,根据需要可适当调整。

(4) 由于临界相干状态范围较窄,所以一般粗调后不能出现 NQR 信号。此时需要反复调节工作点来调整相干状态，达到临界相干状态后即可观察到 NQR 信号。

临界相干状态、不相干状态、强相干状态振荡波形如图 1.3.8 所示。

（5）采集到真实 NQR 信号后，改变水平校正、选择是否滤波可以使 NQR 信号突显，以方便观察。

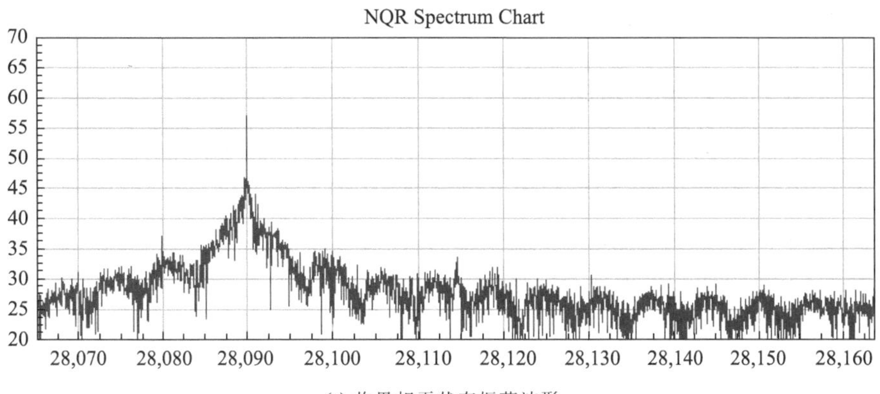

(a) 临界相干状态振荡波形

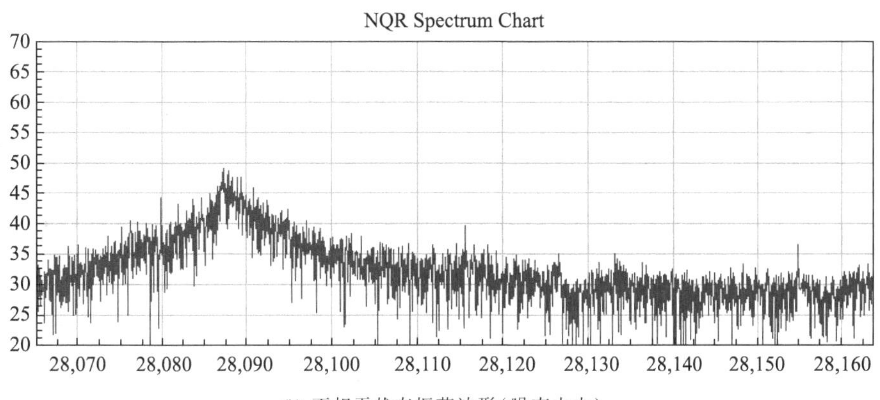

(b) 不相干状态振荡波形（噪声太大）

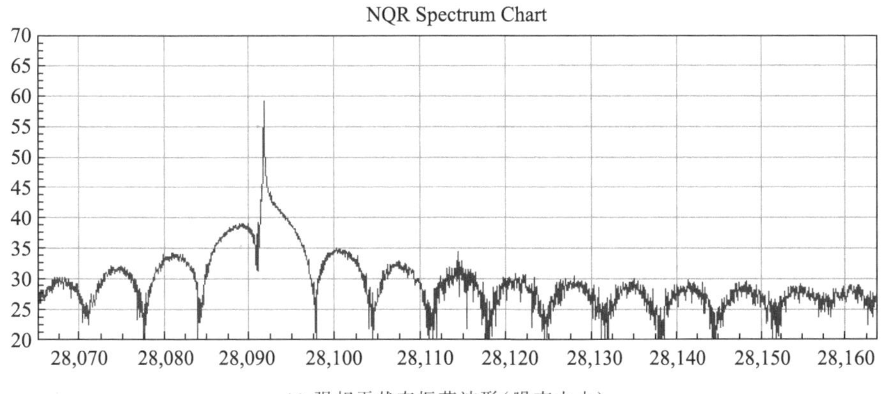

(c) 强相干状态振荡波形（噪声太小）

图 1.3.8 三种振荡波形

附录 4 实验典型吸收谱线(图 1.3.9 和图 1.3.10)

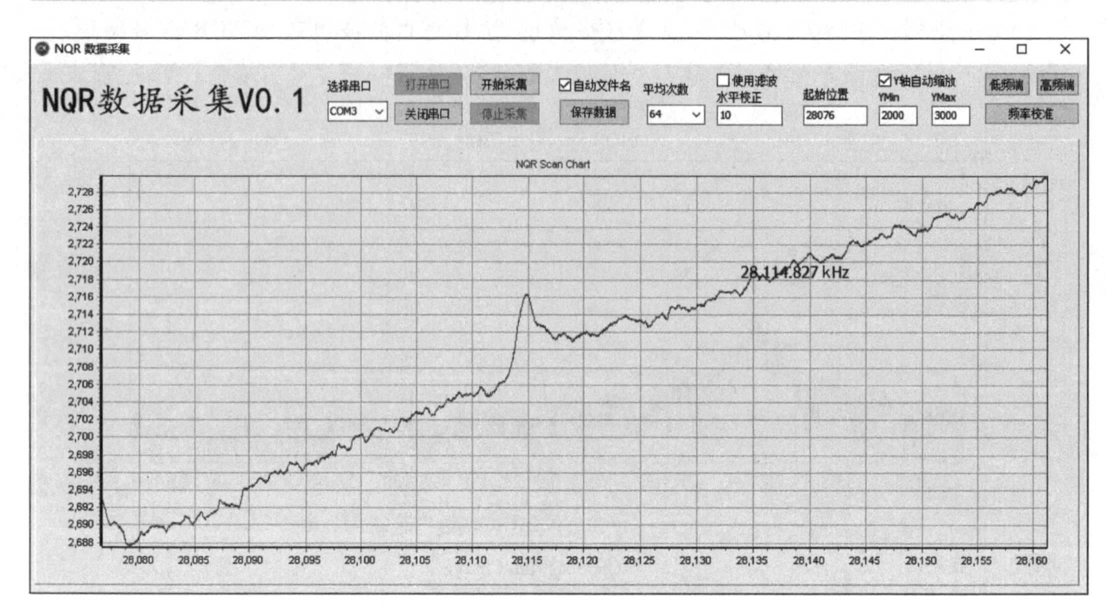

图 1.3.9 $KClO_3$ 样品在室温 19.6 ℃时的吸收频率为 28 114.827 kHz

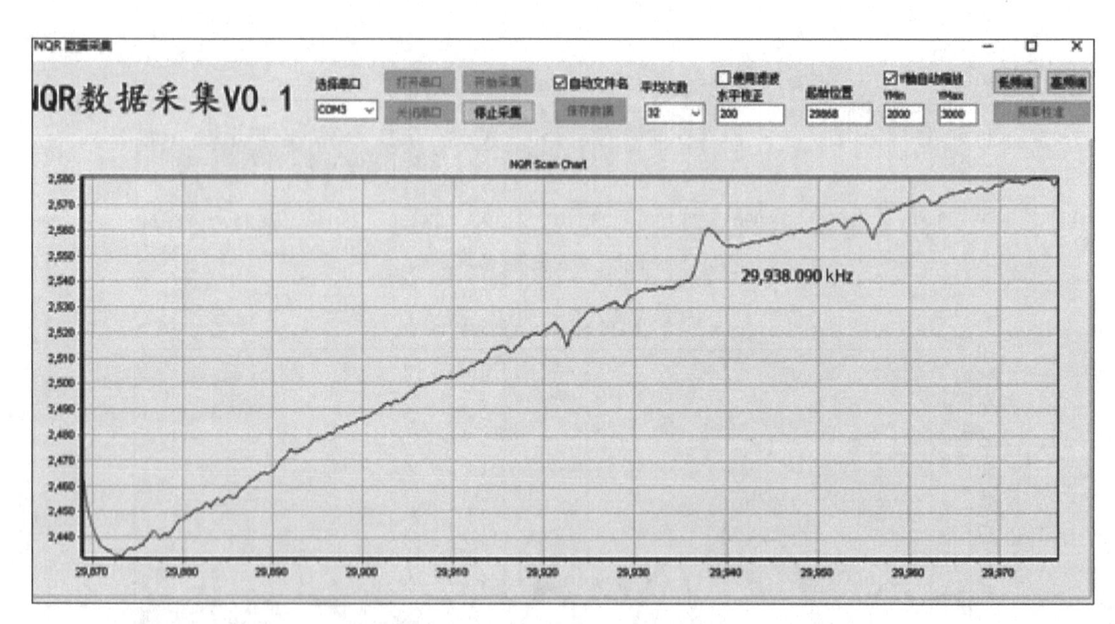

图 1.3.10 $NaClO_3$ 样品在室温 22.1 ℃时的吸收频率为 29 938.090 kHz

附录 5 不同温度下固态 $KClO_3$ 样品的 NQR 共振频率

T/℃	f/MHz	T/℃	f/MHz
13	28.143	20	28.114
15	28.133	22	28.104
16	28.129	23	28.100
17	28.124	26	28.082
19	28.119		

单元二

原子物理与光学

单元二　数字资源

2.1 Rb 原子气体中的电磁感应透明

激光诱导原子能级之间的相干性导致了不同跃迁路径间的量子干涉，使原子介质的光学响应特性发生改变，由此可以消除共振跃迁处的吸收，这就是电磁感应透明(electromagnetically induced transparency, EIT)，由科学家哈里斯(Harris)与其合作者们命名。EIT 之所以重要是因为其在透明光谱区域内引起了显著的非线性极化率加强并且伴随着陡峭的色散，由此可以发展出很多有趣且非常重要的物理现象及应用，例如超强非线性效应、光的群速度减慢和光存储等。

一、实验目的

1. 掌握电磁感应透明现象的基本原理。
2. 了解 Rb 原子气体中电磁感应透明的实验方法。

二、实验原理

1. 电磁感应透明现象

我们以典型的三能级 Λ 型原子为例来说明 EIT 现象。如图 2.1.1 所示，能级 $|1\rangle$ 和能级 $|2\rangle$ 间的跃迁是偶极禁戒的。原子的 $|1\rangle \leftrightarrow |3\rangle$ 和 $|2\rangle \leftrightarrow |3\rangle$ 跃迁共振频率分别为 ω_{31} 和

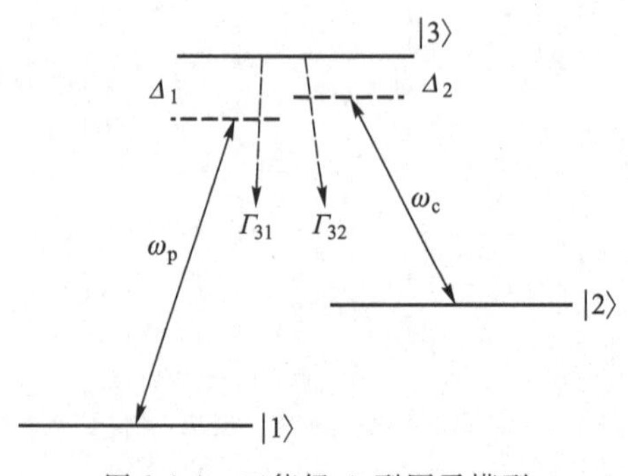

图 2.1.1　三能级 Λ 型原子模型

ω_{32}。一束频率为 ω_p 的弱探测激光场和另一束频率为 ω_c 的强耦合激光场分别作用于原子的 $|1\rangle \leftrightarrow |3\rangle$ 和 $|2\rangle \leftrightarrow |3\rangle$ 跃迁。$\Delta_1 = \omega_p - \omega_{31}$ 和 $\Delta_2 = \omega_c - \omega_{32}$ 表示场和原子共振间的失谐。Γ_{ik} 表示从能级 $|i\rangle$ 到能级 $|k\rangle$ 的辐射弛豫速率。在未加耦合场时，介质对探测场的吸收和色散曲线如图 2.1.2 中虚线所示（其中，介质极化率的虚部反映了介质对探测场的吸收情况，实部反映了介质对探测场的折射特性），此时的原子系统相当于一个由能级 $|1\rangle$ 和能级 $|2\rangle$ 组成的二能级结构，共振的探测光会被强烈地吸收。然而，当加入耦合光时，介质对探测场的光学响应特性将发生改变，特别地，当探测场和耦合场满足双光子共振（$\Delta_1 = \Delta_2$）时，介质对探测光的吸收几乎变为 0（如图 2.1.2 中实线所示），这就是电磁感应透明现象。透明的位置取决于耦合场的失谐，透明的程度取决于耦合场的强度。

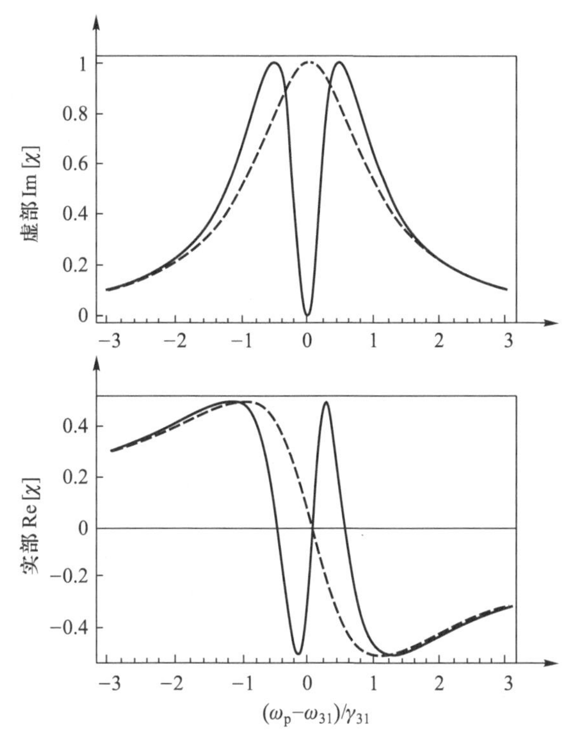

图 2.1.2 极化率 χ 和探测场频率 ω_p 的关系曲线。虚线对应辐射加宽的二能级系统（辐射宽度为 γ_{31}）；实线对应耦合场存在时的 EIT 系统。上方：χ 的虚部，代表吸收；下方：χ 的实部，代表介质的折射特性

2. 电磁感应透明的物理实质

电磁感应透明的物理本质是相干粒子数俘获（coherent population trapping, CPT）现象。我们仍然以图 2.1.1 中所示的三能级 Λ 型原子模型为例来加以说明。首先，我们在相互作用图像下写出偶极近似和旋波近似条件下的原子与场的相互作用哈密顿量：

$$H_1 = \hbar(\Delta_2 - \Delta_1)|2\rangle\langle 2| - \hbar\Delta_1|3\rangle\langle 3| - \hbar[\Omega_p^*|1\rangle\langle 3| + \Omega_c^*|2\rangle\langle 3| + h.c.] \tag{2.1.1}$$

其中，$\Omega_p = d_{31}E_p/\hbar$ 和 $\Omega_c = d_{32}E_c/\hbar$ 分别定义为探测场和耦合场的**拉比频率**；E_p 和 E_c 分别是

探测场和耦合场的电场复振幅,为关于 z 和 t 的慢变化函数;$d_{ij}=-e\langle i|r|j\rangle$ 是原子电偶极矩的矩阵元,$d_{ij}=d_{ji}^*$,考虑到能级 $|1\rangle$ 和 $|2\rangle$ 间的跃迁是偶极禁戒的,只有 d_{13} 和 d_{23} 不为零。

这里,关于(2.1.1)式有几点需要解释和说明。第一,在量子光学领域,当我们处理光与原子之间的相互作用时,通常有两种理论:**半经典理论**(用薛定谔方程来描述量子化的原子,用麦克斯韦方程来描述经典的光波场)和**全量子理论**(原子和光波场都被量子化处理,用薛定谔方程来描述)。对于现代光学中的许多物理问题和实验现象,用半经典理论就足以处理和解释了;但是对于一些特殊问题,必须用全量子理论处理,例如自发辐射、兰姆移位等。这里,我们采用的是**半经典理论**。第二,物理体系的性质随时间变化的描述可以采用不同的方式,主要有薛定谔图像(系统的波函数随时间变化,力学量不随时间变化)、海森伯图像(系统的波函数不随时间变化,力学量随时间变化)和相互作用图像(系统的波函数和力学量都随时间变化)。这三种图像可以相互转化。在各种图像中,力学量的本征值、平均值都是相同的。对于同一物理问题,在不同图像中得到的结果完全相同,只是处理起来的复杂程度有所不同,详细内容可以在任一本量子力学书中找到相关介绍。在处理原子和场之间相互作用的问题时,我们常采用相互作用图像,在这一图像下处理相关问题更为方便,态矢量随时间的变化情况只与相互作用能相关。第三,偶极近似。一般来说,原子的尺寸远小于光场的波长,因此我们在处理原子与场的相互作用时,认为原子处在一个振幅不变的平面波电磁场中。第四,旋波近似。在从薛定谔图像到相互作用图像的转化过程中,我们会发现,相互作用哈密顿量中出现了原子跃迁频率与场频率间的和频项(快变化部分)和差频项(慢变化部分)两部分,我们忽略其中所有的快变化部分,这就是旋波近似。这里需要注意的是,假如始终在薛定谔图像下处理光与原子间相互作用,那么当将系统哈密顿量和原子态函数代入薛定谔方程时,也会出现和频项和差频项两部分,需要作旋波近似,忽略其中所有和频项。如果将光场量子化,我们就会发现,旋波近似是能量守恒的必然要求。

下面,我们通过概率振幅法来计算探测场和耦合场与三能级 Λ 型原子的相互作用。在相互作用图像下,该三能级原子的态矢量(波函数、态函数)可以表示为

$$|\psi\rangle = C_1(t)|1\rangle + C_2(t)|2\rangle + C_3(t)|3\rangle \tag{2.1.2}$$

式中,$C_1(t)$,$C_2(t)$ 和 $C_3(t)$ 分别是原子处于能级 $|1\rangle$,$|2\rangle$ 和 $|3\rangle$ 上的概率幅。外场耦合下,原子束缚电子的运动遵从如下的薛定谔方程:

$$\mathrm{i}\hbar\frac{\partial|\psi\rangle}{\partial t} = H_1|\psi\rangle \tag{2.1.3}$$

将(2.1.1)式和(2.1.2)式代入薛定谔方程,可得到概率幅 C_1,C_2 和 C_3 的运动方程,用矩阵法表示为

$$\mathrm{i}\begin{pmatrix}\dot{C}_1\\ \dot{C}_2\\ \dot{C}_3\end{pmatrix} = \begin{pmatrix}0 & 0 & -\Omega_\mathrm{p}^*\\ 0 & \Delta_2-\Delta_1 & -\Omega_\mathrm{c}^*\\ -\Omega_\mathrm{p} & -\Omega_\mathrm{c} & -\Delta_1\end{pmatrix}\begin{pmatrix}C_1\\ C_2\\ C_3\end{pmatrix} \tag{2.1.4}$$

当系统达到稳态时,原子处于各能级的概率幅随时间的变化为 0,于是(2.1.4)式变为

$$\begin{pmatrix}0\\0\\0\end{pmatrix}=\begin{pmatrix}0 & 0 & -\Omega_p^*\\0 & \Delta_2-\Delta_1 & -\Omega_c^*\\-\Omega_p & -\Omega_c & -\Delta_1\end{pmatrix}\begin{pmatrix}C_1\\C_2\\C_3\end{pmatrix} \tag{2.1.5}$$

特别地，当系统满足双光子共振条件($\Delta_1=\Delta_2$)时，我们可以解出归一化的原子态函数表达式：

$$|\psi\rangle=\frac{\Omega_c}{\Omega}|1\rangle-\frac{\Omega_p}{\Omega}|2\rangle \tag{2.1.6}$$

它是哈密顿量的零本征值对应的本征态。其中，$\Omega=\sqrt{\Omega_c^2+\Omega_p^2}$。我们不难看出，原子最终会被束缚在一个$|1\rangle$和$|2\rangle$的相干叠加态上，而在$|3\rangle$上是空的。这个过程就是**相干粒子数俘获**，此时的原子态称为**俘获态**(trapping state)或**暗态**(dark state)。在理想情况下，原子最终与能级$|3\rangle$解耦，说明原子不会在能级$|3\rangle$上停留，因此来自能级$|3\rangle$上的荧光会消失，原子对探测场的吸收也变为零(正如图 2.1.2 中实线所示，原子对探测场的吸收曲线在双光子共振 $\Delta_1=\Delta_2$ 处会出现一个透明窗口)。

另外，我们也可以利用**缀饰态表象**的方法来帮助我们直观地理解 EIT 效应。这里需要首先说明的是，在研究原子与场的相互作用时，人们通常关心的是在强相干场作用下的原子对弱探测场的光学响应变化。对于这类问题的处理，我们既可以在**裸原子表象**下进行，也可以在**缀饰态表象**下进行。所谓**裸原子表象**下的处理方法，是指写出自由原子的哈密顿量以及原子与场的相互作用哈密顿量，以自由原子的本征态(即**裸原子态**)为基矢写出系统的密度矩阵方程，并通过求解密度矩阵方程得到原子对探测场的光学响应变化。所谓**缀饰态表象**下的处理方法，是指将原子与强相干场看成一个紧密耦合的整体，以它们共同的本征态(即**缀饰态**)作为基矢来处理问题。一般来说，在裸原子表象下得到的结果，其物理图像并不很清晰，而缀饰态表象方法通常可以获得较清晰的物理图像。

在单模强耦合场(频率为 ω_c、拉比频率为 Ω_c)的作用下，将弱探测场作为微扰来处理，则包含$|2\rangle$和$|3\rangle$的二能级原子系统的(在相互作用图像下，且在偶极近似和旋波近似条件下)相互作用哈密顿量可以表示成

$$H_I=-\hbar\Delta_2|3\rangle\langle 3|-\hbar\Omega_c^*|2\rangle\langle 3|-\hbar\Omega_c|3\rangle\langle 2| \tag{2.1.7}$$

在基矢为$|2\rangle$和$|3\rangle$的裸原子表象下，哈密顿量 H_I 的本征方程为

$$\begin{vmatrix}-E & -\hbar\Omega_c^*\\-\hbar\Omega_c & -\hbar\Delta_2-E\end{vmatrix}=0 \tag{2.1.8}$$

由上式可以求得缀饰态能级的本征值为

$$E_{\pm}=\frac{-\hbar\Delta_2\pm\hbar\sqrt{\Delta_2^2+4|\Omega_c|^2}}{2} \tag{2.1.9}$$

$$\Delta E=E_+-E_-=\hbar\sqrt{\Delta_2^2+4|\Omega_c|^2} \tag{2.1.10}$$

由此可求得相应的缀饰态的本征函数为

$$\begin{aligned}|+\rangle&=\cos(\theta)|2\rangle-\sin(\theta)|3\rangle\\|-\rangle&=\sin^*(\theta)|2\rangle+\cos(\theta)|3\rangle\end{aligned} \tag{2.1.11}$$

式中

$$\cos(\theta)=\frac{\Delta_2+\sqrt{\Delta_2^2+4|\Omega_c|^2}}{\sqrt{4|\Omega_c|^2+(\Delta_2+\sqrt{\Delta_2^2+4|\Omega_c|^2})^2}}$$
$$\sin(\theta)=\frac{2\Omega_c}{\sqrt{4|\Omega_c|^2+(\Delta_2+\sqrt{\Delta_2^2+4|\Omega_c|^2})^2}} \tag{2.1.12}$$

当强相干场与原子跃迁共振时($\Delta_2=0$),(2.1.11)式可简化为

$$|+\rangle=(|2\rangle-|3\rangle)/\sqrt{2}$$
$$|-\rangle=(e^{-i\varphi}|2\rangle+|3\rangle)/\sqrt{2} \tag{2.1.13}$$

式中,$\Omega_c=|\Omega_c|e^{i\varphi}$。两缀饰态间的能量差简化为

$$\Delta E=E_+-E_-=2\hbar|\Omega_c| \tag{2.1.14}$$

这样,在强耦合场的耦合下,能级$|2\rangle$和$|3\rangle$与强耦合场作为一个整体,转化成缀饰态表象下的两个缀饰态能级$|+\rangle$和$|-\rangle$。裸原子表象下的能级图(图 2.1.1)所对应的缀饰态表象下的能级图如图 2.1.3 所示。这就相当于在强耦合场的耦合下,原子能级$|3\rangle$发生了劈裂,劈裂成$|+\rangle$和$|-\rangle$两个缀饰态能级。当我们探测$\Delta_p=0$的吸收时,探测场与两个缀饰态$|+\rangle$和$|-\rangle$具有的失谐分别是$\pm|\Omega_c|$,因此我们无法知道原子是跃迁到$|+\rangle$还是$|-\rangle$,这种跃迁通道的不确定性会导致**量子干涉**。这里出现的是**相消干涉**而非**相长干涉**,于是在共振点的吸收几乎降至0,这就是电磁感应透明。当Δ_p趋向其中一个缀饰态时,由于向这个缀饰态跃迁的概率增大,所以两个跃迁通道的干涉会逐渐减小。

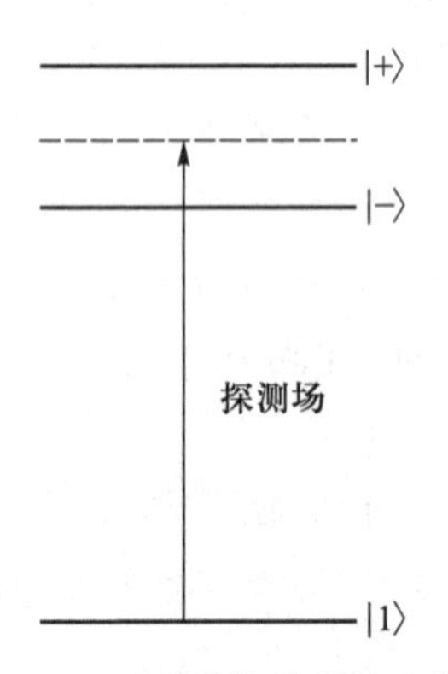

图 2.1.3 Λ 型系统的缀饰态能级

以上,我们通过数学定量分析的方式讲解了 EIT 效应产生的物理实质,并且还利用缀饰态表象的方法直观地理解了 EIT 效应。这里值得一提的是,包括 EIT 在内的众多量子物理效应的产生都是因为**量子相干**和**量子干涉**的存在。在量子理论里,一个系统可以处于它的若干个不同态的一个叠加态。在经历幺正演化时,叠加态不同成分间存在的量子相干性可以使不同量子通道间产生量子干涉。需要强调的是,产生量子干涉的物理实质是量子通道的不确定性。特别地,在原子物理学和辐射物理学领域中,所谓的量子通道指的是跃迁通道。这种跃迁通道的不确定性通常是由原子相干导致的。如图 2.1.1 所示,Λ 型原子的

$|3\rangle \leftrightarrow |1\rangle$ 和 $|3\rangle \leftrightarrow |2\rangle$ 跃迁分别被两束相干激光场耦合，原子因此被制备在三个能级的叠加态上，即能级 $|3\rangle$、$|1\rangle$ 和 $|2\rangle$ 之间被建立起原子相干，这使得激光场中的光子在从 $|1\rangle$ 到 $|3\rangle$ 的跃迁过程中存在两个不同的跃迁通道（单光子过程和三光子过程）。由于这两个通道的原子终态一样，所以我们无法判断光子走的路径是哪条。这种跃迁通道的不确定性就会导致量子干涉效应的产生，其中的物理原因可以通过"为何量子拍效应能在 V 型原子中产生却不能在 Λ 型原子中产生"为例加以理解，具体可以参看"量子拍"的相关介绍。量子干涉存在两种不同的情况，分别是**量子相长干涉**和**量子相消干涉**，导致 EIT 效应的是量子相消干涉。

3. 电磁感应透明的理论分析——密度矩阵方法

在分析原子系统的稳态响应或动力学演化时，除了可以采用概率振幅法（前文介绍 CPT 效应时用到的），还可以采用密度矩阵方法。

对于一个给定的原子系统，如果它可以用态函数 $|\psi\rangle$ 来描述，那么它处于纯态。反之，如果原子系统不能用态函数 $|\psi\rangle$ 来描述，那么它处于混态。混态用密度算符描述：

$$\rho = \sum_i p_i |\psi_i\rangle\langle\psi_i| \tag{2.1.15}$$

其中，求和是对整个系综求和，p_i 是原子系统处于系综中第 i 个态 $|\psi_i\rangle$ 的概率密度，$\langle\psi_i|\psi_i\rangle = 1$。概率密度满足关系式：

$$0 \leqslant p_i \leqslant 1,\ \sum_i p_i = 1,\ \sum_i p_i^2 \leqslant 1$$

任意力学量算符 $\hat{O}$ 的系综平均值为

$$\langle O\rangle = \sum_i p_i \langle\psi_i | O | \psi_i\rangle = \mathrm{Tr}(\rho O) \tag{2.1.16}$$

对（2.1.6）式求导，并代入薛定谔方程，可得

$$\mathrm{i}\hbar \frac{\partial\rho}{\partial t} = [H,\rho] \tag{2.1.17}$$

上式就是密度算符的主方程。值得注意的是，（2.1.17）式并不描述耗散或衰减过程，原因是耗散过程是大量弱相互作用的平均结果，因此不能用一个基本的力学量来描述。考虑了耗散过程的密度算符的主方程为

$$\mathrm{i}\hbar \frac{\partial\rho}{\partial t} = [H,\rho] - \frac{1}{2}\{\Gamma,\rho\} \tag{2.1.18}$$

其中，$\{\Gamma,\rho\} = \Gamma\rho+\rho\Gamma$，$\Gamma$ 代表耗散矩阵。

对于一个态函数为 $|\psi\rangle = C_1(t)\,|1\rangle + C_2(t)\,|2\rangle + C_3(t)\,|3\rangle$ 的三能级原子，有

$$\rho = |\psi\rangle\langle\psi| = |C_1|^2\,|1\rangle\langle 1| + |C_2|^2\,|2\rangle\langle 2| + |C_3|^2\,|3\rangle\langle 3| \tag{2.1.19}$$

进一步取矩阵元，有

$$\rho_{ii} = \langle i|\rho|i\rangle = |C_{ii}|^2 \tag{2.1.20}$$

$$\rho_{ij} = \langle i|\rho|j\rangle = C_i C_j^* \tag{2.1.21}$$

$$\rho_{ij} = \rho_{ji}^* \tag{2.1.22}$$

其中，密度矩阵的对角元 ρ_{ii} 为原子位于 $|i\rangle$ 能级的概率，非对角元 ρ_{ij} 决定了原子的极化。

将哈密顿量(2.1.1)式代入方程(2.1.18),我们可得到如下密度矩阵的方程组:

$$\dot{\rho}_{11} = \Gamma_{31}\rho_{33} + i\Omega_p^*\rho_{31} - i\Omega_p\rho_{13} \tag{2.1.23a}$$

$$\dot{\rho}_{22} = \Gamma_{32}\rho_{33} + i\Omega_c^*\rho_{32} - i\Omega_c\rho_{23} \tag{2.1.23b}$$

$$\dot{\rho}_{31} = -(\gamma_{12} - i\Delta_1)\rho_{31} + i\Omega_c\rho_{21} - i\Omega_p(\rho_{33} - \rho_{11}) \tag{2.1.23c}$$

$$\dot{\rho}_{32} = -(\gamma_{12} - i\Delta_2)\rho_{32} + i\Omega_p\rho_{12} - i\Omega_c(\rho_{33} - \rho_{22}) \tag{2.1.23d}$$

$$\dot{\rho}_{12} = i(\Delta_2 - \Delta_1)\rho_{12} + i\Omega_p^*\rho_{32} - i\Omega_c\rho_{13} \tag{2.1.23e}$$

其中,$\sum_i \rho_{ii} = 1$,$\rho_{ij} = \rho_{ji}^*$。$\gamma_{12} = (\Gamma_{31} + \Gamma_{32})/2$ 代表能级 $|1\rangle$ 和能级 $|2\rangle$ 之间的相干弛豫速率。

在稳态,并且在弱探测场的极限下,我们可以求得密度矩阵元 ρ_{31} 的关于探测场拉比频率 Ω_p 的一级解析解:

$$\rho_{31}^1 = \frac{\Omega_p(\Delta_1 - \Delta_2)}{-(i\gamma_{12} + \Delta_1)(\Delta_1 - \Delta_2) + \Omega_c^2} \tag{2.1.24}$$

ρ_{31}的虚部决定了原子对探测场的吸收,实部反映了探测场的色散。不难看出,双光子共振($\Delta_1 = \Delta_2$)时,原子对探测场的吸收趋于0,透明的位置取决于耦合场的失谐 Δ_2,透明的程度取决于耦合场的强度 Ω_c。

三、实验装置

EIT 可以在多种介质中实现,常见的包括气态原子系综、固态掺杂稀土元素的晶体材料、单原子和单离子体系、光力振子体系、金刚石 NV 色心、半导体材料等。气态原子系综包括各种碱金属元素构成的气态冷原子系综和气态热原子系综。其中,冷原子系综主要通过激光冷却与囚禁技术获得,技术比较成熟,易于操控,而且由于原子温度低、运动速度小,原子运动和碰撞引起的消相干效应弱。热原子系综体系简单、易实现,但是由于原子运动速度大、具有较大的非均匀展宽,由原子热运动和碰撞引起的消相干效应也较强。本实验采用的介质为气态 Rb 原子系综,原子模型为图 2.1.1 所示的三能级 Λ 型结构,介质对探测场 ω_p 的吸收和色散特性由下面的稳态线性极化率决定:

$$\chi(\omega_p) = \chi' + i\chi'' = \frac{N|d_{31}|^2}{\varepsilon_0\Omega_p}\rho_{31}^1$$

其中,N 是原子密度。另外,我们在理论研究中都是使用理想化模型,而在实际实验过程中的情况通常都是非常复杂的,需要考虑所有可能影响实验结果的因素。

1. Rb 原子相关参量

首先,我们需要介绍使用的 Rb 原子的能级以及相关常量。天然 Rb 原子中主要存在 ^{85}Rb(72.15%)和 ^{87}Rb(27.85%)两种同位素。在 1 μK 的低温下,Rb 原子气体的原子密度约为 10^{13} cm^{-3},在 325 K 的温度下,其原子密度约为 10^{11} cm^{-3}。实验中,我们采用的是 Rb 原子的 D_1 线跃迁,该线的真空波长为 794.979 nm(空气中为 794.767 nm),上能级寿命为 $\tau = 27.70$ ns,弛豫速率为 36.10×10^6 s^{-1},自然线宽(半波宽度)为 $2\pi\times5.746$ MHz。

如图 2.1.4 所示，Rb 原子 D_1 线跃迁的上、下能级分别是 $5P_{1/2}$ 和 $5S_{1/2}$。其中，^{87}Rb 的上能级和下能级均有两个超精细子能级，分别为 $F'=1,2$ 和 $F=1,2$；^{85}Rb 的上能级和下能级也均有两个超精细子能级，分别为 $F'=2,3$ 和 $F=2,3$。因此，这里共有 8 个跃迁通道，按频率大小排列就是 1,2,3,4,5,6,7,8 号跃迁。如果用弱激光场来探测 Rb 原子的 D_1 线跃迁，则应有 8 个吸收峰。但是这里需要注意的是，由于^{85}Rb 上能级中的两个超精细子能级间的频率差为 362 MHz，小于室温下 Rb 原子光谱的多普勒宽度 530 MHz，所以对于热 Rb 原子系综来说，D_1 线跃迁中通常只有 6 个吸收峰是可分辨的，3 号和 4 号（5 号和 6 号）在示波器上是不可分辨的。

以^{87}Rb 为例，这 4 个跃迁中的 1 号与 7 号、2 号与 8 号都可以组成 Λ 型 EIT，但由于 7 号的跃迁强度太小，1 号与 7 号组成的模型没有 2 号与 8 号组成的模型效果好，所以在实验中一般选用 2 号与 8 号组成的模型，2 号和 8 号都可以作为探测光。

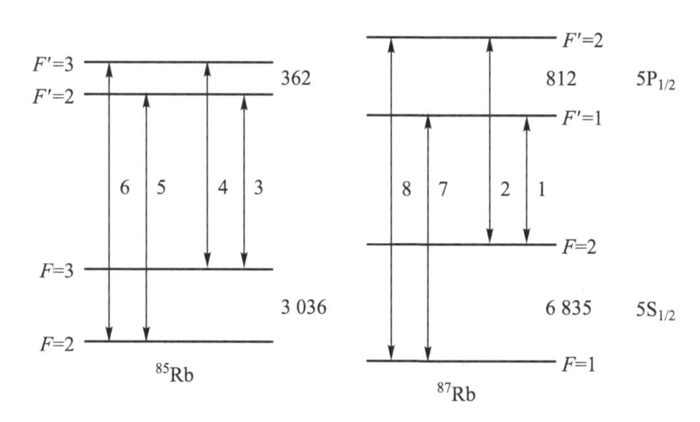

图 2.1.4 Rb（铷）原子 D_1 线能级结构（能级间隔单位为 MHz）

2. 气体光谱中的主要加宽机制

实验中每条测量谱线都是有一定宽度的，谱线宽度与许多因素有关，因此作光谱测量就需要了解光谱形状和结构以及谱线加宽原因。

这里简单介绍几种气体中的谱线加宽机制，原子光谱可以看成这些加宽机制共同作用的结果：

（1）自然线宽

原子的每一个能级都有一定的寿命，也就是说处于激发态的原子经过一定时间以后会回到基态，并发射光子。这种能级寿命与原子结构有关，无论是相同或不同的原子，只要能级不同，寿命一般就是不同的。由微观粒子的不确定关系可知，能级寿命和该能级的能量是一对不确定量，这种由于能级的自然寿命而带来的谱线宽度称为自然线宽，自然线宽具有洛伦兹线型。一般来说，原子的自然线宽在 $10^5 \sim 10^7$ Hz，例如 Rb 原子 D_1 线的自然线宽约为 6 MHz。自然线宽对每一个原子都是一样的，这种对所有原子规律都相同的加宽机制称为均匀加宽。

（2）多普勒加宽

多普勒加宽属于非均匀加宽，它是由于原子的热运动速率导致的，对于不同速率的原子，其多普勒加宽不同。如果速度为 0 的原子感受到的光子频率为 ω_0，那么速度为 v 的原子感受到的光子频率则为 $\omega_0(1+v/c)$。多普勒加宽的强度线型为高斯线型。一般来说，热原子气体中的可见光波段谱线的多普勒宽度都在 $10^8 \sim 10^{10}$ Hz 之间，例如 Rb 原子 D_1 线处于室温 298 K 下的多普勒宽度约为 5.3×10^8 Hz。

（3）碰撞加宽

两个原子相互接近时，原子能级将因为两个原子的相互作用而发生位移，这种位移对于不同能级来说一般是不同的。当两原子互相排斥时，位移表现为正，反之为负。我们将这种原子的互相接近称为碰撞。由于能级在碰撞时产生的位移不同，所以原子的吸收或发射光谱会因位移差而出现展宽。另外，由于原子间的碰撞，原子在达到自然寿命之前就离开所在能级，也会引起有效自然寿命的缩短，导致谱线展宽，以上展宽称为**碰撞加宽**。碰撞加宽属于均匀加宽，线型为洛伦兹线型。一般来说，在典型的 1 毫托（0.133 Pa）原子蒸气压强下，碰撞加宽最大为 $3\times10^3 \sim 3\times10^5$ Hz，相比而言，只要不是在十分高的压强下，这种加宽对原子谱线的影响是很小的，甚至比自然线宽要小几个数量级。

（4）渡越时间加宽

对于常温下的原子气体，渡越时间加宽是普遍存在的，主要原因是激光的光束一般很细，尤其是聚焦后宽度可小于 0.1 mm，而室温（298 K）下的原子速度一般为 200～300 m/s，这使得原子在激光束中的停留时间过短，由此会导致谱线加宽，这种加宽称为**渡越时间加宽**。可以想象，原子要与激光相互作用就需要停留在激光场中，而如果停留时间小于原子能级寿命，那么要确定原子两能级间的能量差，时间不确定度的最长极限就不再是原子能级的自然寿命，而是原子在激光场中飞行的时间，因此渡越时间会导致谱线加宽，这是一种均匀加宽。一般来说，在比较低的气压下，渡越时间加宽比碰撞加宽更加显著，但相比多普勒加宽还是比较小的。例如，在激光束直径为 0.1 mm，原子平均速度为 300 m/s 的情况下，渡越时间加宽为 3 MHz。

按照玻耳兹曼速度分布，常温（$T=298$ K）下 ^{85}Rb 原子的平均速度约为 $v=272$ m/s，而当 $T=1$ μK 时，$v=1.9$ cm/s。所以，相比于室温原子气体，冷原子体系的运动速度要低几个数量级，光谱的多普勒加宽非常小，而且由原子运动和碰撞引起的消相干效应也非常弱。

图 2.1.5 所示为冷 Rb 原子气体中 EIT 实验装置示意图。冷 Rb 原子团通过磁光阱技术制备。探测场 ω_p 和耦合场 ω_c 可以由两个外腔可调谐半导体激光器产生，工作波长为 795 nm，线宽为 1 MHz。DL1 产生的探测光 ω_p 的功率经过衰减片减至 1 μW，DL2 产生的耦合光 ω_c 的功率经过衰减片调节至 8 mW。两台激光器产生的光都是垂直于纸面的线偏振

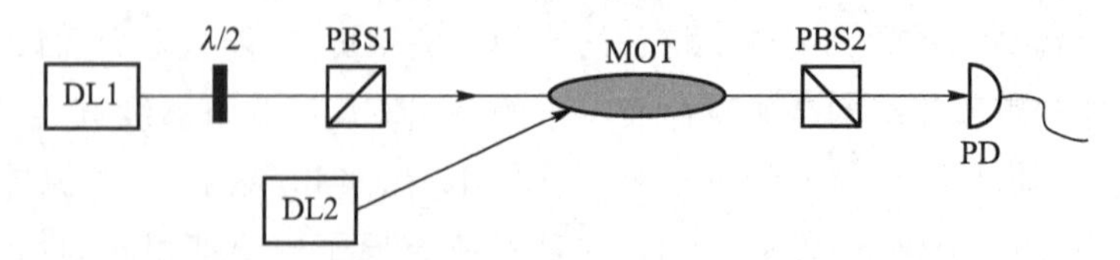

MOT：磁光阱；λ/2：半波片；PBS：偏振分束器；PD：光电二极管探测器；DL：半导体激光器

图 2.1.5 冷 Rb 原子气体中 EIT 实验装置示意图

光，我们利用二分之一波片使探测光的偏振方向变为平行于纸面。从冷原子团出射的探测光由光电二极管接收后记录下来。

热原子体系由于原子运动速度大，而具有较大的非均匀展宽，由前面的介绍可知，在 298 K 左右的室温下，多普勒加宽占主导作用。另外，热原子体系中由原子热运动和碰撞引起的消相干效应也较强。

图 2.1.6 为热 Rb 原子气体中 EIT 实验装置示意图。样品池中 Rb 原子气体的温度约为 298 K。与冷原子体系的装置差不多，探测场 ω_p 和耦合场 ω_c 由两个外腔可调谐半导体激光器产生，工作波长为 795 nm，线宽为 1 MHz，并且经过衰减片使光强分别减至 1 μW 和 8 mW。两台激光器产生的光的偏振状态都是竖直线偏振，我们利用半波片使探测光变为水平偏振光。两个偏振分束器（PBS1 和 PBS2）透射探测光，反射耦合光。从热原子团出射的探测光由光电二极管接收后记录下来。这里需要注意的是，由于多普勒效应的存在，为了使原子系综中每一个原子体系都满足 EIT 双光子共振条件，探测场和耦合场的传播方向需要同向。

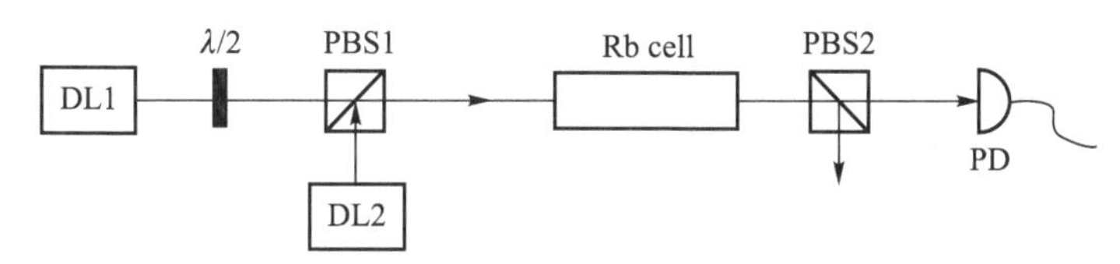

λ/2：半波片；PBS：偏振分束器；PD：光电二极管探测器；DL：半导体激光器

图 2.1.6 热 Rb 原子气体中 EIT 实验装置示意图

四、研究内容

1. 在冷 Rb 原子气体的 EIT 实验中，按图 2.1.5 调整好光路，调节激光器，使探测场能够扫描出 Rb 原子 D_1 线的 8 个峰，耦合场频率固定在 4 号跃迁所对应的频率处。如果两束光的频率、模式都符合实验要求，探测光强、扫描速度合适，我们就能看到很好的 EIT 现象。

（1）记录没有耦合场作用时的吸收谱线，再记录加上耦合场作用时的吸收谱线，并加以比较。

（2）在耦合场作用下，观察并测量透明深度：透明窗口的高度与其两侧的吸收峰高度的比值。

（3）观察没有耦合场作用以及有耦合场作用时的吸收峰高度，并加以比较，分析原因。

（4）将实验曲线与理论拟合曲线加以比较和分析。

（5）调节耦合场失谐，观察透明窗口的位置变化。

（6）调节耦合场光强，观察透明深度的变化。

2. 在热 Rb 原子气体的 EIT 实验中，按图 2.1.6 调整好光路，调节激光器，使探测场能够扫描出 Rb 原子 D_1 线的 6 个峰，耦合光频率固定在 4 号跃迁所对应的频率处。如果两光束重合得很好，频率、模式都符合实验要求，探测光强、扫描速度合适，我们就能看到很好的 EIT

现象。

(1) 记录没有耦合场作用时的探测吸收谱线,再记录加上耦合场作用时的探测吸收谱线。

(2) 与冷 Rb 原子气体的 EIT 实验中获得的实验曲线加以比较并分析。

(3) 通过调节两个偏振分束器(PBS1 和 PBS2)来调节探测光和耦合光之间的夹角,观察透明窗口的变化并加以分析。

3. 总结实验中应该注意的事项,并分析原因。

五、思考题

在图 2.1.7 中所示的这些三能级原子系统模型中,我们主要只考虑 Λ 型,而 Ladder 型和 Vee 型在实际应用中受限制,因为它们缺乏(亚)稳暗态,产生的 EIT 窗口较浅。为什么这么说呢?试写出各系统模型的哈密顿量,求解本征值和本征态,得到系统暗态表达式并加以分析。

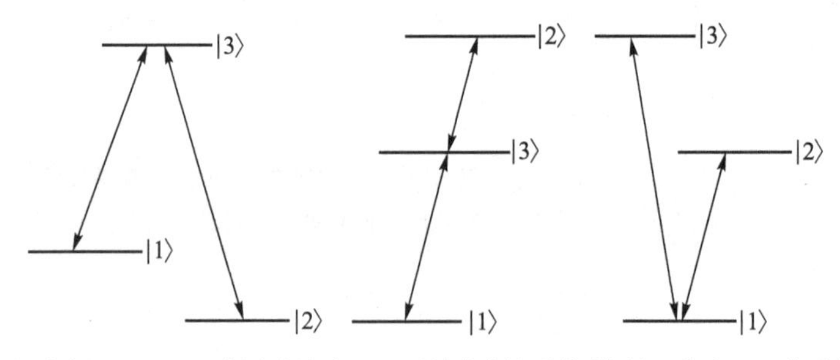

图 2.1.7 Λ 型(左侧),Ladder 型(中间)和 Vee 型(右侧)系统模型。其中,Λ 型系统模型中的能级 $|3\rangle$,Ladder 型和 Vee 型系统模型中的能级 $|2\rangle$、$|3\rangle$ 都是普通的激发态能级

六、参考文献

2.2 动态光纤光栅

在高浓度掺铒(Er)光纤中注入两束相向传输的相干光,将对掺杂光纤中光的增益或吸收饱和效应进行周期性调制,由此可以形成动态粒子数光栅。相关的实验最早出现在 20 世纪 90 年代初期,由 Frisken 和 Fischer 提出。因为动态光纤光栅在单模光纤激光器和可调窄带光纤滤波器领域的巨大的应用价值,动态光纤光栅的研究受到了广泛关注。近年来,动态光纤光栅在可调谐干涉仪以及光学存储等方面获得应用。动态光纤光栅的观测和应用主要集中在基于掺铒光纤的 1 490 ~ 1 570 nm 波段。掺镱(Yb)的动态光纤光栅应用在 1 040 ~ 1 080 nm 波段。另外,掺杂其他稀土元素,如 Nd、Tm、Ho、Pr、Sm 等,也能获得相应的其他波段的动态光纤光栅。

一、实验目的

1. 掌握动态光纤光栅器件的制作与测试。
2. 掌握动态光纤光栅可调谐的吸收与色散特性并进行光谱测量。
3. 掌握动态光纤光栅在自适应滤波器和传感方面的应用。

二、实验原理

1. 无源和有源光纤光栅基本理论

(1) 光纤光栅的结构

光纤是由两个同心均匀介质组成的,主要由纤芯、包层、缓冲涂覆层组成。光纤结构如图 2.2.1 所示,其最内侧是纤芯,是传输光的基本通道。包层位于纤芯的外面,它能使光波被约束在纤芯内传播。包层的外表面称为缓冲涂覆层,它能吸收外露的光能。在实际应用时,最外层还有一层护套,它对光纤起保护作用。

利用光纤的光敏性,使用不同样式的模板,采用紫外线曝光的方法,能在光纤中得到想要的折射率的周期扰动,此即无源光纤光栅。我们通过对折射率调制结构的适当设计,就可以获得各种具有独特色散和滤波特性的器件,这些器件应用在光纤传感、光纤激光器技术以及光纤通信系统中的光学信号处理等方面。图 2.2.2 是一种布拉格(Bragg)光纤光栅的结构

图 2.2.1 光纤结构图

简图,它是在单模光纤上制作的,其实就是一个反射式的光学滤波器。如图 2.2.2 所示,周期性的折射率扰动就是纤芯内的阴影部分,光纤光栅的调制周期是 Λ,纤芯折射率是 n_0,包层的折射率 $n_1<n_0$,以利于光在界面的全反射,减少泄漏,其轴向的周期调制折射率

$$n(z) = n_0 + \delta n\left[1 + v\cos\left(\frac{2\pi z}{\Lambda} + \varphi\right)\right]$$

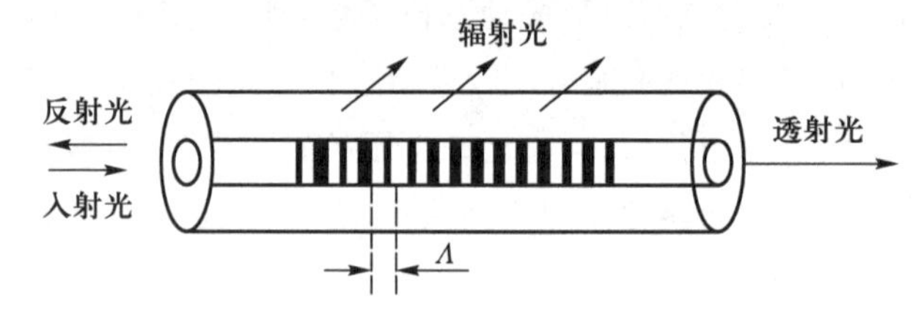

图 2.2.2 布拉格光纤光栅的结构简图

其中 δn 为纤芯折射率变化量,φ 和 ν 分别为相移和条纹可见度。周期 Λ 和入射波长满足 $\lambda=2n_{\mathrm{eff}}\Lambda$,纤芯的有效折射率 $n_{\mathrm{eff}}=n+\delta n$。光纤光栅有很多类型,按照在光栅内发生耦合的模式,可以分为长周期光栅和短周期光栅(布拉格光栅)。长周期光栅内部的耦合是同向传输的不同模式之间的耦合,而短周期光栅发生的是与反向传输模式之间的耦合;按照折射率调制的方式,光纤光栅可以分为切趾光栅、相移光栅、取样光栅、啁啾光栅等。

(2) 铒离子掺杂光纤的能级结构及光谱特性

稀土元素离子一般是三价态形式(如 Er^{3+}, Yb^{3+}),缺少两个 6s 层电子和一个 4f 层电子。由于 4f 层的剩余电子被 5p 层和 5s 层屏蔽从而不易受到外场干扰,所以其吸收特性和荧光特性对外场的依赖性也较小,其光谱特性较为稳定。掺 Er^{3+} 光纤三能级结构如图 2.2.3 所

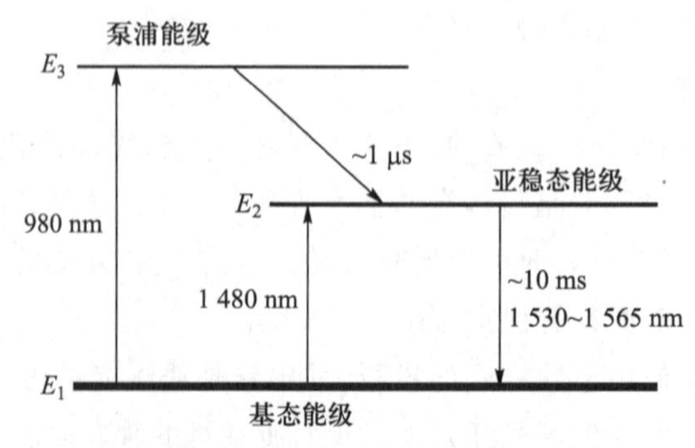

图 2.2.3 掺 Er^{3+} 光纤三能级结构图

示，其中$^4I_{15/2}(E_1)$是基态，$^4I_{13/2}(E_2)$是亚稳态，更高激发态与基态的跃迁由不同的泵浦光源驱动。能级$^4I_{15/2}$到$^4I_{11/2}$跃迁由 980 nm 光来泵浦，$^4I_{13/2}$到$^4I_{15/2}$对应 1.530～1.565 μm 的信号光。室温下常见的氧化物玻璃中，$^4I_{13/2}$是唯一的亚稳态能级。

(3) 基于二能级饱和吸收的动态光栅

如图 2.2.4 所示，高浓度掺铒光纤中两个相同波长为 1 536 nm 的光从光纤两端入射，在掺铒光纤中形成驻波光强，以余弦函数进行周期性调制：

$$I(z)=I_0(1+m\cos Kz) \tag{2.2.1}$$

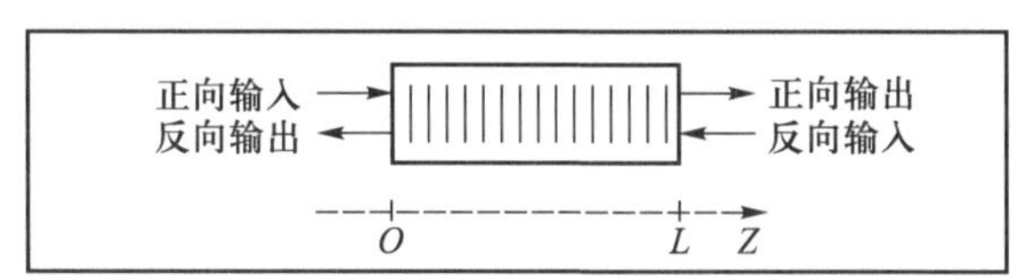

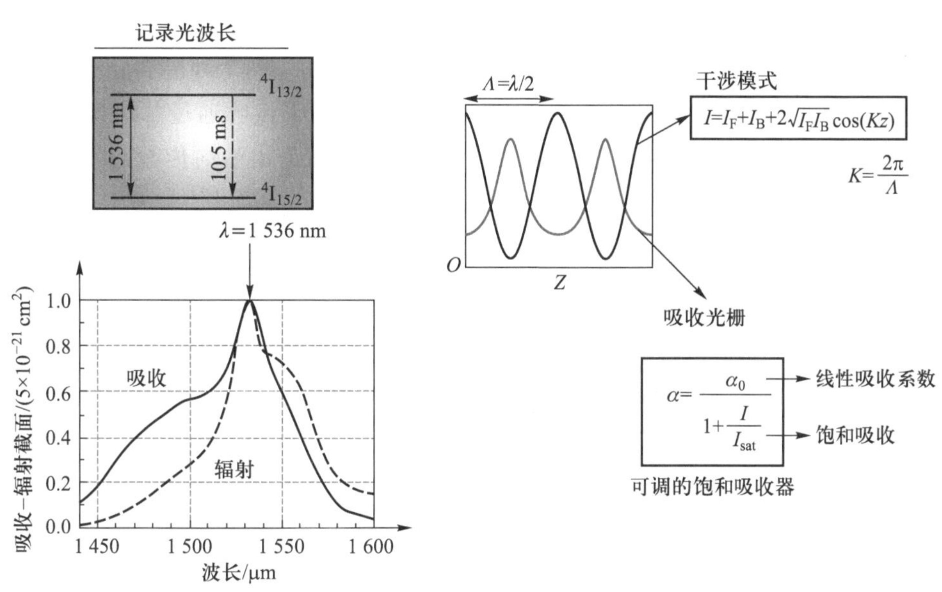

图 2.2.4 基于二能级饱和吸收的动态光栅示意图

$I(z)$为光纤中沿 z 方向分布的光强，I_0 是沿着光纤轴线的平均光强，m 是模式调制深度（相干对比度），$K=2\pi/\Lambda$ 是空间频率，Λ 是驻波的条纹间隔。从左侧最下方的吸收和发射图来看，1 536 nm 处吸收最大，有利于达到饱和吸收，吸收系数被周期性调制，如右侧最下方图所示，因此该光栅称为吸收光栅。在二能级系统中，饱和吸收系数为

$$\begin{aligned}\alpha_{st}(z)&=\frac{\alpha_0}{1+(I_0/I_{sat})(1+m\cos Kz)}\approx\alpha_{st}+\delta\alpha(Kz)\\&\approx\frac{\alpha_0}{1+I_0/I_{sat}}-\frac{m\alpha_0\,I_0/I_{sat}}{(1+I_0/I_{sat})^2}\cos Kz\\&=\alpha_{st}\left(1-\frac{m\,I_0/I_{sat}}{1+I_0/I_{sat}}\cos Kz\right)\\&=\alpha_{st}(1+m_B'\cos Kz)\end{aligned} \tag{2.2.2}$$

其中动态光栅调制幅度为 $\delta\alpha=-\frac{m\alpha_0 I_0/I_{sat}}{(1+I_0/I_{sat})^2}$,光栅对比度为 $m'_B=-\frac{m I_0/I_{sat}}{1+I_0/I_{sat}}$。

饱和光强为 $I_{sat}=\frac{\hbar\omega}{\tau_0(\sigma_a+\sigma_e)}$,$\tau_0$ 为自发辐射弛豫时间(离子激发态的寿命),α_0 为线性吸收系数,α_{st}为饱和吸收系数,σ_a 为吸收截面,σ_e 为辐射截面。实验过程中,探测器测量的物理量是光功率 P,其与光强的关系为 $I=P/\pi W_0^2$,W_0 为光斑尺寸。

2. 动态光纤光栅的测试

(1) 瞬时二波混频实验测量

动态光栅是否形成,可以在非线性两波耦合(TWM)过程中测量。实现 TWM 过程的实验光路,包括几种不同种类的光纤。Sagnac 环形干涉仪结构如图 2.2.5 所示。Sagnac 环形干涉仪通过使用一个 50/50 的光耦合器将信号光分成两列相向传输的相干光,环形干涉仪中包含的偏振控制器(PC1 和 PC2)用来控制前向和后向传输光的偏振取向。图 2.2.5 中的环形器用来探测 Sagnac 环形干涉仪的反射光。图 2.2.6(a)使用了两个环形器分别测量经掺铒光纤传输的前向波和后向波,图 2.2.6(b)中插入的环形器用来接收通过掺铒光纤输出的前向光。图 2.2.7 为直线型干涉仪结构,其中反向传输的“S”波是由前向传输的“R”波经光纤末端的反射镜反射后得到的。

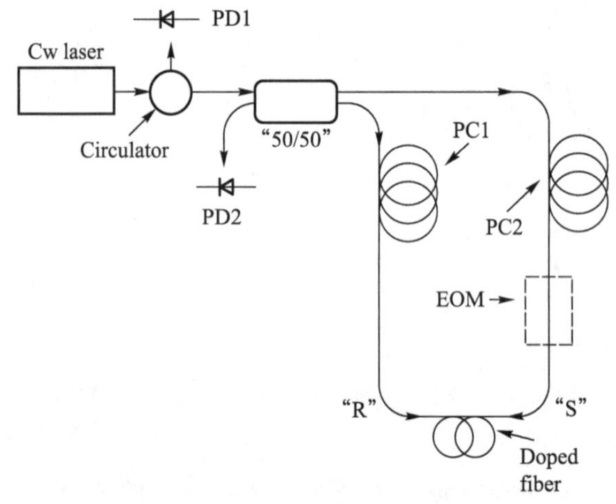

Cw laser:连续激光器;PD1,2:光电探测器 1,2;Circulator:环形器;
PC1,2:偏振控制器 1,2;EOM:电光调制器;Doped fiber:掺杂光纤

图 2.2.5 Sagnac 环形干涉仪结构

(2) 光吸收与色散特性研究(使用 980 nm 泵浦光源,AQ6370C 光谱仪)

光在无源和有源光纤光栅中的吸收与色散特性,涉及光在周期性介质中的传输问题,该问题可从麦克斯韦方程出发来分析求解。由于光纤的介电常量被周期性调制,所以入射光在光栅中传播时,分为前向和后向两部分,将其代入麦克斯韦方程:

$$\left(\frac{\partial}{\partial z^2}-\frac{n^2}{c^2}\frac{\partial^2}{\partial t^2}\right)E_p(z,t)=0 \tag{2.2.3}$$

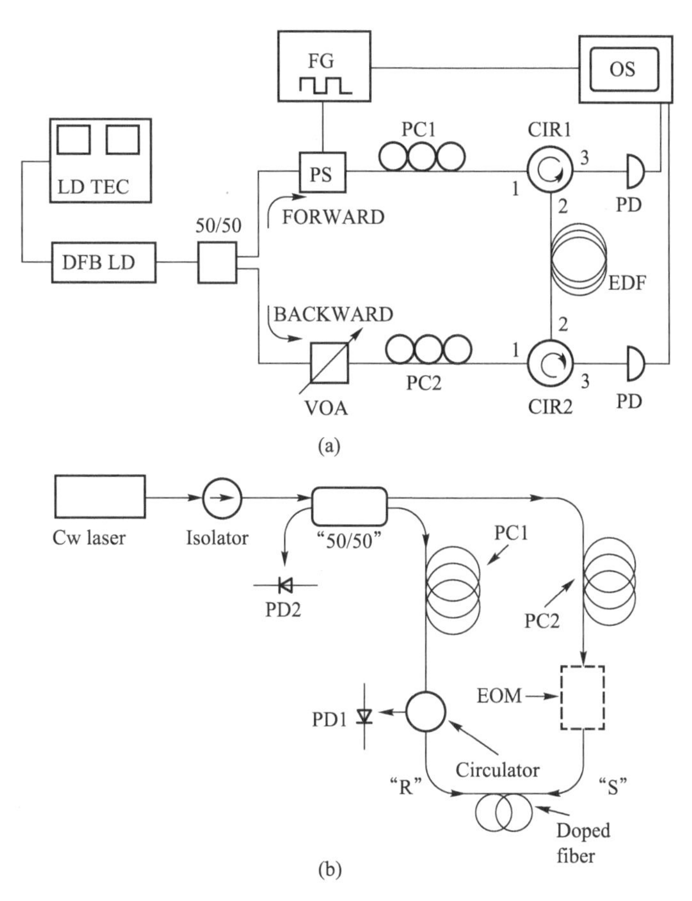

图(a) LD TEC:发光二极管温控器;DFB LD:分布反馈式发光二极管;
PS:相位调制器;FG:信号发生器;VOA:衰减器;OS:示波器;PD:光电探测器;
CIR1,2:环形器;PC1,2:偏振控制器 1,2;EDF:掺铒光纤
图(b) Cw laser:连续激光器;PD1,2:光电探测器 1,2;Circulator:环形器;PC1,2:
偏振控制器 1,2;EOM:电光调制器;Isolator:隔离器;Doped fiber:掺杂光纤

图 2.2.6 Sagnac 环形干涉仪插入环形器结构

慢波近似下,前向波和后向波的慢变化振幅 $\varepsilon_{\pm}$ 满足以下耦合模方程:

$$\mathrm{i}\frac{\partial\varepsilon_{+}(z,t)}{\partial z}+\mathrm{i}\frac{n_{\mathrm{r0}}+\mathrm{i}n_{\mathrm{i0}}}{c}\frac{\partial\varepsilon_{+}(z,t)}{\partial t}+\frac{1}{2}k_{\mathrm{p0}}(\Delta n_{\mathrm{r}}+\mathrm{i}\Delta n_{\mathrm{i}})\varepsilon_{-}\mathrm{e}^{-2\mathrm{i}\Delta kz}=0 \qquad (2.2.4\mathrm{a})$$

$$-\mathrm{i}\frac{\partial\varepsilon_{-}(z,t)}{\partial z}+\mathrm{i}\frac{n_{\mathrm{r0}}+\mathrm{i}n_{\mathrm{i0}}}{c}\frac{\partial\varepsilon_{-}(z,t)}{\partial t}+\frac{1}{2}k_{\mathrm{p0}}(\Delta n_{\mathrm{r}}+\mathrm{i}\Delta n_{\mathrm{i}})\varepsilon_{+}\mathrm{e}^{2\mathrm{i}\Delta kz}=0 \qquad (2.2.4\mathrm{b})$$

其中 $\Delta k=k_{\mathrm{p}}-k_{\mathrm{e}}$, $k_{\mathrm{p0}}=k_{\mathrm{p}}/n_0$ 为信号场在真空中的波数。引入函数关系 $\varepsilon_{+}=F_{\pm}\mathrm{e}^{\mathrm{i}\Delta k[\mp z+(c/n_{\mathrm{r0}})t]}$,可以消除上面方程中的 e 指数项。下面我们针对折射率实部和虚部被调制的两种情况,分析光在光纤光栅中的吸收(放大)和色散性质。

第一种情况为折射率的实部被调制:

$$\mathrm{i}\frac{\partial F_{+}(z,t)}{\partial z}+\mathrm{i}\frac{n_{\mathrm{r0}}}{c}\frac{\partial F_{+}(z,t)}{\partial t}+\frac{1}{2}k_{\mathrm{p0}}\Delta n_{\mathrm{r}}F_{-}=0 \qquad (2.2.5\mathrm{a})$$

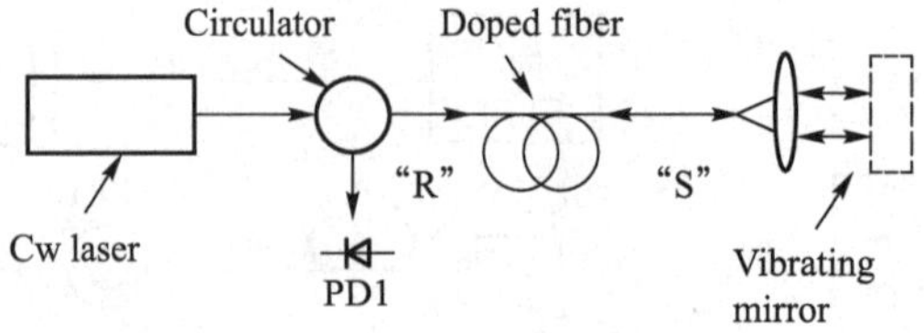

(a)

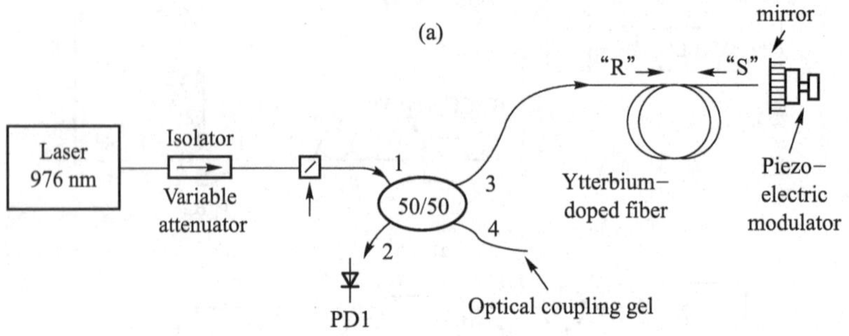

(b)

图(a) Cw laser:连续激光器;PD1:光电控制器 1;Circulator:环形器;Doped fiber:掺杂光纤;Vibrating mirror:可移动镜子

图(b) Laser:激光器;Isolator:隔离器;Variable attenuator:可调衰减器;Optical coupling gel:光耦合器;Ytterbium-doped fiber:掺镱光纤;Piezo-electric modulator:压电调制器;mirror:镜子

图 2.2.7 直线型干涉仪结构

$$-\mathrm{i}\frac{\partial F_-(z,t)}{\partial z}+\mathrm{i}\frac{n_{r0}}{c}\frac{\partial F_-(z,t)}{\partial t}+\frac{1}{2}k_{p0}\Delta n_r F_+=0 \tag{2.2.5b}$$

经傅里叶变换，上式变为

$$\frac{\partial^2 F_\pm(z,\tilde{\omega})}{\partial^2 z}+\left[\left(\frac{n_{r0}}{c}\tilde{\omega}\right)^2-\kappa^2\right]F_\pm(z,\tilde{\omega})=0 \tag{2.2.6}$$

其中 $\kappa=\frac{1}{2}k_{p0}\Delta n_r$，设 $w_0=\sqrt{\left(\frac{n_{r0}}{c}\bar{\omega}\right)^2-\kappa^2}$，在边界条件 $F_-(L,\tilde{\omega})=0$，$F_+(0,\tilde{\omega})=F_0$ 下，以上方程的解为

$$F_+(z,\tilde{\omega})=\frac{1}{\kappa}\left\{\mathrm{i}[Bw_0\cos(w_0z)-Aw_0\sin(w_0z)]+\frac{n_{r0}}{c}[A\cos(w_0z)+B\sin(w_0z)]\right\}$$

$$F_-(z,\tilde{\omega})=A\cos(w_0z)+B\sin(w_0z)$$

其中 $A=-B\tan(w_0L)$，$B=\dfrac{-F_0\kappa}{-\mathrm{i}w_0+\dfrac{n_{r0}}{c}\tan(w_0L)\bar{\omega}}$。

透射和反射系数分别为

$$t=\frac{F_+(L,\bar{\omega})}{F_+(0,\bar{\omega})}=\frac{w_0}{w_0\cos(w_0L)+\mathrm{i}\frac{n_{r0}}{c}\bar{\omega}\sin(w_0L)}$$

$$r=\frac{F_{-}(0,\bar{\omega})}{F_{+}(0,\bar{\omega})}=\frac{-\mathrm{i}\kappa\sin(w_0L)}{w_0\cos(w_0L)+\mathrm{i}\frac{n_{r0}}{c}\bar{\omega}\sin(w_0L)}$$

第二种情况为折射率的虚部被周期性调制，就得到吸收（增益）系数被调制的耦合模方程

$$\frac{\partial F_{+}(z,\tilde{\omega})}{\partial z}+\frac{\alpha_0}{2}F_{+}(z,\tilde{\omega})+\frac{\Delta\alpha}{4}F_{-}(z,\tilde{\omega})=0 \tag{2.2.7a}$$

$$\frac{\partial F_{-}(z,\tilde{\omega})}{\partial z}-\frac{\alpha_0}{2}F_{-}(z,\tilde{\omega})-\frac{\Delta\alpha}{4}F_{+}(z,\tilde{\omega})=0 \tag{2.2.7b}$$

其中折射率的虚部和吸收系数的关系为 $n_{i0}=\frac{1}{2}\frac{c}{\omega_p}\alpha_0$，$\Delta n_i=\frac{1}{2}\frac{c}{\omega_p}\Delta\alpha$。通过类似求解方程(2.2.6)的过程，可以得到吸收光栅的透射和反射系数。

(3) 动态光纤光栅窄带自适应滤波和传感测试

① 单模输出激光器和窄带可调滤波器

目前饱和吸收的动态光栅在光纤激光器中的应用已经非常普及，自从 Horowitz 等人于1994 年的文献报道开始，已经有许多不同的文献成功应用了这项技术。在详细讨论此项应用前，先要提到的是由空间烧孔效应导致的激光多频率输出，空间烧孔效应本身就与动态粒子数光栅的形成相关。在驻波腔激光器中，光增益的空间烧孔效应（动态粒子数增益光栅）的形成减小了粒子数反转介质的有效增益和在特定波长下的输出功率，这个过程即在激光谐振腔内相向传输的光波的定态 TWM 过程。重要的是不同纵模的干涉图样在空间上是不重叠的，如不同的纵模其布拉格周期是不同的。因此空间烧孔效应会使得在均匀加宽增益介质中产生多模激光输出。在光纤激光器中通过两个相向传输的相干泵浦场，同样也能够形成增益光栅，该增益光栅能够使光纤激光器单模输出，该理论详见本实验参考文献[6]的报道。

实现激光器单模输出可以应用传统的抑制空间烧孔技术，但已证明在相同掺杂光纤中形成的饱和吸收光栅也能够抑制激光器的多模输出。其基本思想为：如果空间烧孔效应（增益光栅）使得驻波激光器输出不能为单模，那么在激光腔里加入一个额外的饱和吸收光纤就可能会抑制这种效应。事实上 Horowitz 在研究中已经证实，在激光腔中形成这种具有高选择性的“追踪”滤波器能够减小中心主频率的损耗并使激光单模运转得更好。

目前许多这方面的实验都是在掺铒光纤激光器上实现的，工作波长范围为 1.5～1.62 μm，但是也有在 YDF 上实现的单频率激光器，其工作波长为 1 040 nm，1 064 nm 和 1 083 nm。在实验中应用的光纤腔结构包括线形和环形两种，前一种结构把未泵浦的掺杂光纤（实现滤波功能）与有泵浦的掺杂光纤（实现放大功能）串联。在 Paschotta 等人的文章中仅使用了一段一端泵浦的掺杂光纤，加入泵浦的一端作为光放大器，另一端泵浦不能达到则作为饱和吸收介质。

在环形光纤激光器中，饱和吸收光纤作为一个线性滤波器，它通过末端的反射镜与环形激光器相连，反射镜也可以用选择特定波长反射的布拉格光栅构成。此滤波器可以通过一个光纤耦合器或者环形器与激光谐振腔相连。这种饱和吸收滤波器也可以设置成 Sagnac 环

形结构。

② 动态光纤光栅传感器

最近几十年有许多关于光致折射率动态光栅的自适应干涉仪应用到光传感当中，尤其是基于光致折射率晶体中的 TWM 效应的动态光栅。但是由于以上的晶体和光纤传感系统不能很好兼容，而且响应速度不够快，所以不能抵消环境的影响，并且存在成本也高。近些年，有些文献提出将稀土掺杂光纤形成的动态光栅应用于干涉型光纤传感器，其形成过程是通过在单模 EDF 和 YDF（掺镱光纤）中加入两相向传输的信号光。这样的光纤动态光栅在实际应用中比较有吸引力，不仅能够和光纤传感系统兼容，而且应用的光纤器件（如半导体或光纤激光器、InGaAlAs 光电二极管、光纤耦合器和环形器等）已经商业化，技术成熟并且成本低。

图 2.2.8 是其中一个简单的光纤自适应干涉仪的结构图。通过使用折射率调制占主导的相位光栅能够得到自适应干涉仪的线性响应，对于振幅光栅也可以通过特殊技术手段得到线性响应。这类光纤传感器通过测量环境变化引起的信号变化，可以测量机械应力、振动、速度、电场和磁场、声压等参量。在这种传感系统中，要测量的外部参量需要影响光纤内部光波的光程，也就是对 TWM 实验的输出信号实现相位调制。动态光栅在传感系统中作为“智能分束器”，能够抵消环境变化引起的相位漂移，使得干涉仪达到检测快速相位调制的最佳工作点。

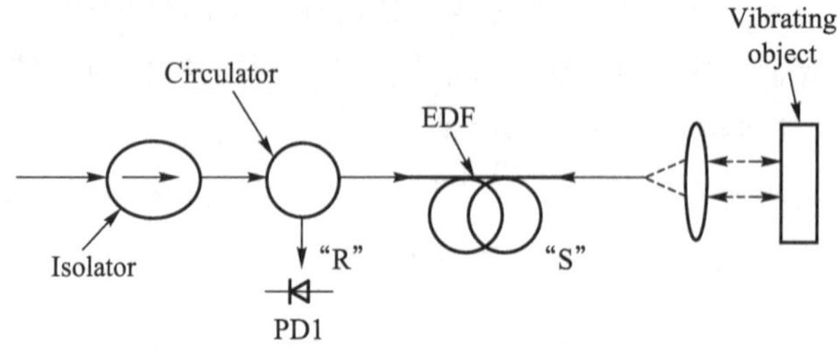

(a) 基于EDF中瞬态TWM的光纤自适应干涉仪

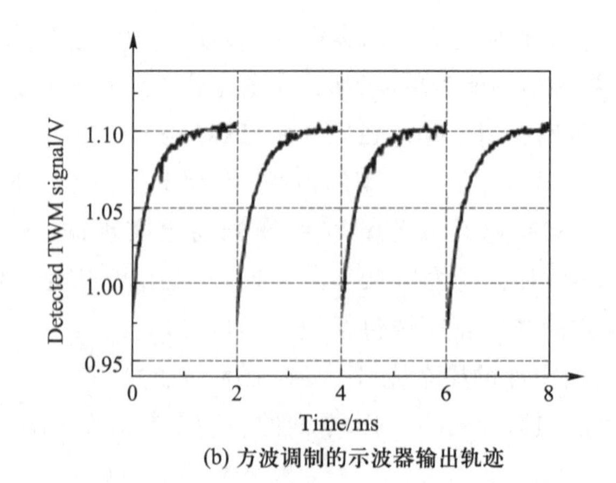

(b) 方波调制的示波器输出轨迹

图（a） Isolator：隔离器；Circulator：环形器；EDF：掺铒光纤；Vibrating object：振动物体

图（b） Detected TWM signal：探测到的二波混频信号；Time：时间

图 2.2.8 光纤自适应干涉仪的结构图

三、研究内容

1. 用无源布拉格光纤光栅和 980 nm 泵浦产生宽带光源实验

近些年来,光纤光栅是发展最快的光纤无源器件之一,由于它的许多特性,如较高的反射率、能与光纤系统直接耦合、反射带宽的范围比较大等,使它的出现一方面加快了光纤技术进步的步伐,另一方面也产生了许多新的有源和无源的光纤器件,应用于光纤滤波和传感领域等。图 2.2.9 为布拉格光纤光栅。实现可调光纤滤波器有两种主要结构,图 2.2.10 是基于布拉格光栅的泵浦(产生信号)光源示意图,中心波长和带宽由布拉格光栅中心波长和带宽确定。另外 Mitnik 等人对由两个相向传输的相干泵浦光形成的增益光栅进行了理论分析。

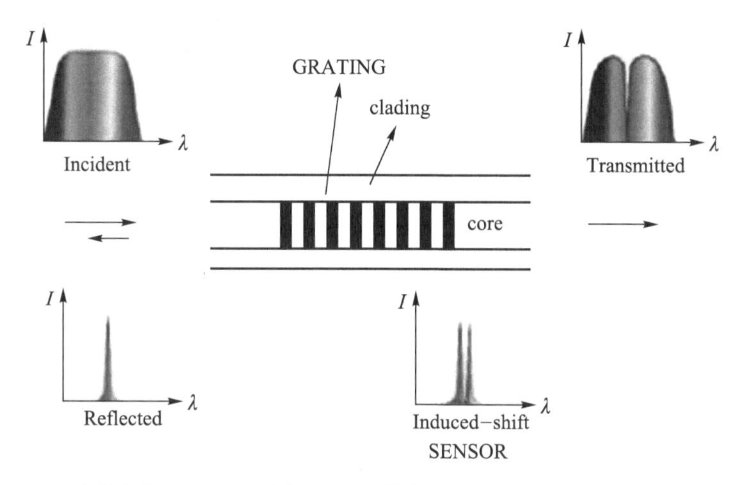

Incident:入射光谱;GRATING:光栅;clading:涂敷层;core:纤芯;Transmitted:透射光谱;
Reflected:反射光谱;Induced-shift:引起变化的光谱;SENSOR:传感器

图 2.2.9 布拉格光纤光栅

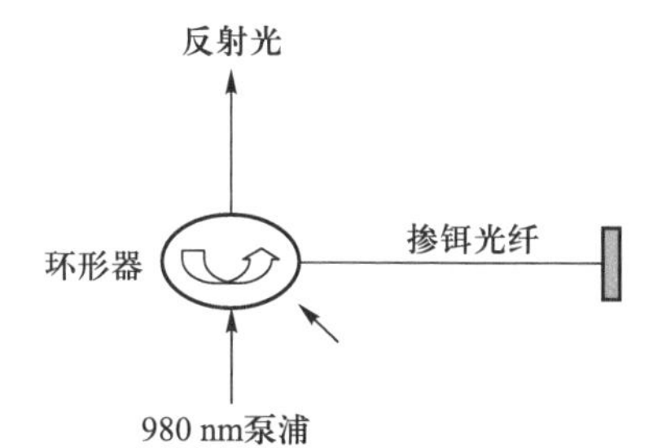

图 2.2.10 布拉格光栅的泵浦(产生信号)光源示意图

2. 使用不同浓度的高掺杂铒纤开展瞬时二波混频实验

图 2.2.11 为动态光栅的实验装置图,半导体光源发射波长为 1 550 nm 的激光,通过 50/50 分光器分为两束完全相同的相干光。两列相干光分别从前向和后向进入掺铒光纤,其中前向光通过一个相位调制器 PS 进行相位调制,该相位调制器由压电陶瓷驱动,FG 为函数发生器,在实验中我们采用周期性的方波信号对前向光的相位进行调制。后向光通过衰减器

VOA 调节光功率值，使得前向光和后向光进入掺铒光纤的光强相等。PC1 和 PC2 为偏振控制器，调节偏振控制器可以对前向光和后向光的偏振态进行调制，从而使两列光束的干涉效果最佳。CIR 为环形器，前向光经过环形器后进入光电探测器 PD，经过光电转换后由示波器 OS 的 CH1 端口输出，函数发生器的方波信号由示波器的 CH2 端口显示。

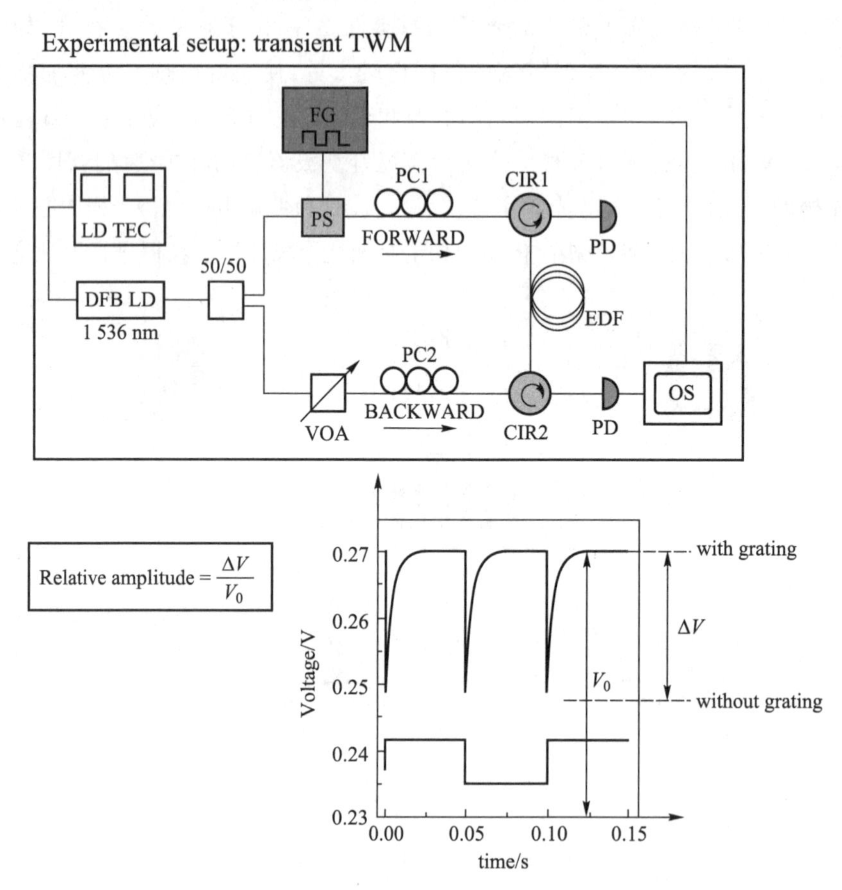

LD TEC：发光二极管温控制；DFB LD：发布反馈式发光二极管；PS：相位调制器；FG：信号发生器；VOA：衰减器；OS：示波器；PD：光电探测器；CIR1，2：环形器 1，2；PC1，2：偏振控制器 1，2；EDF：掺铒光纤；FG：函数发生器

图 2.2.11 动态光栅的实验装置图

通常情况下，掺铒光纤铒离子的粒子数分布沿光纤方向均匀分布，其粒子数差 $\rho_{22}-\rho_{11}$ 与位置无关。但当两束相向传播的相干光进入掺铒光纤，相干后会形成光强随位置周期分布的干涉条纹，铒离子的基态和激发态粒子数差重新分布，掺铒光纤的粒子数分布达到一个确定的分布状态 p_1。此时铒离子对光的吸收呈现空间周期性，使掺铒光纤中形成动态光栅。当两束相干光的一束相位改变时，干涉条纹会发生移动，铒离子的粒子数差也会重新分布，从分布状态 p_1 过渡到一个新的稳定分布状态 p_2，这个过程需要一定的时间。在粒子数分布从 p_1 过渡到 p_2 的过程中，掺铒光纤中没有稳定的光栅结构，动态光栅输出信号幅值减小，因此示波器输出信号对应着出现一个向下凹陷的尖峰。由于两相干光的前向光相位随时间周期性改变，所以在示波器上等间隔地显示出一系列凹陷的尖峰。信号从尖峰回复到形成动

态光栅的稳定状态时，其幅值呈指数形式增长，即过渡过程需要一定的响应时间，该响应时间与铒离子的亚稳态寿命有关。

在本实验中，我们采用发射波长为 1 550 nm 的窄带光源，该波段的激光与铒离子的基态$^4I_{15/2}$和亚稳态$^4I_{13/2}$能级跃迁共振，可以获得比较好的动态光栅效果。在实验过程中，铒离子是在“形成光栅结构”和“没有光栅结构”这两种状态之间切换，为了获得明显的实验现象，我们要将之前已经形成的光栅结构尽可能破坏掉，因此要使状态 p_2 和状态 p_1 两种情况下的铒离子的粒子数分布差距尽可能加大。而当两束相干光形成的干涉条纹移动 1/2 个周期时，两种状态差别最大。要实现这一点，我们只需将其中一束相干光的相位改变 π 即可。因此在实验时选择方波信号对前向光进行相位调制，目的是以大小 π 周期性地改变其中一束相干光的相位。

图 2.2.12 为不同长度掺铒光纤在不同输入功率下的动态光栅输出信号，实验中所选掺铒光纤型号为 Er80-4/125。其中 CH1 为函数发生器输入的方波调制信号，用此方波信号对前向光的相位进行调制，CH2 为输出的动态光栅信号。从图中可以看出，随着输入探测场功率的增加，形成的动态光栅幅度先增大后减小，即动态光栅幅度的增加随探测强度的增长存在增益饱和现象。

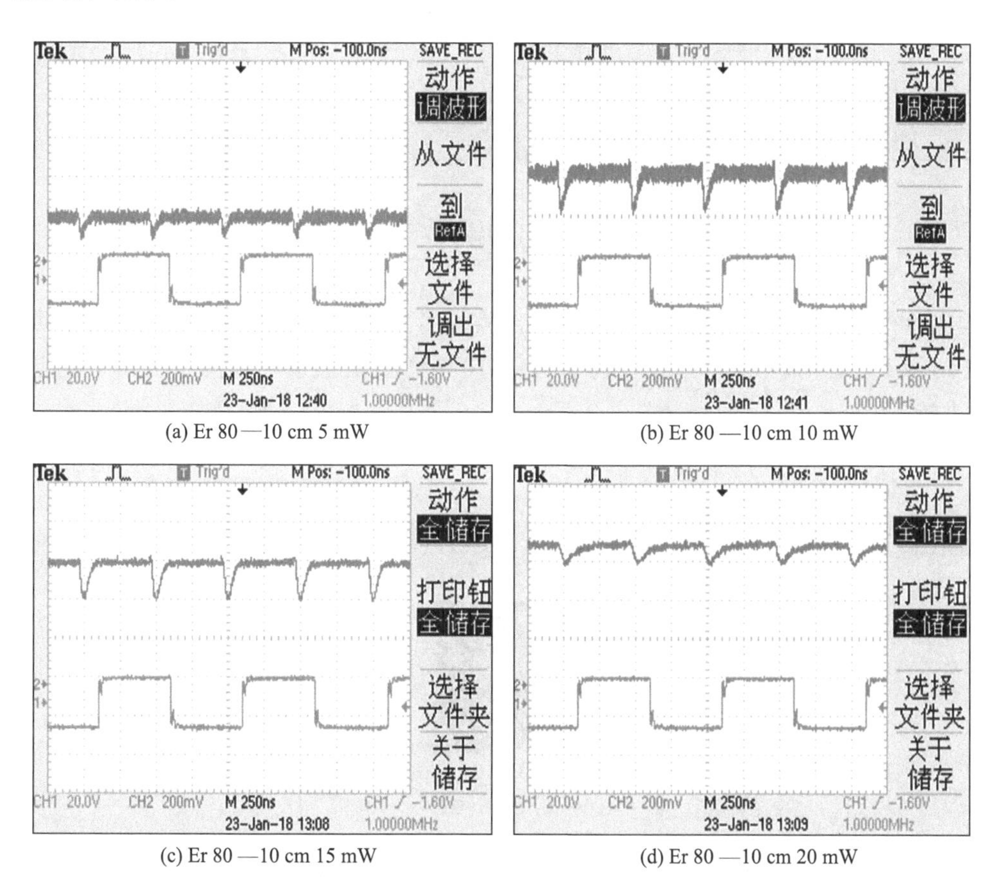

(a) Er 80 —10 cm 5 mW

(b) Er 80 —10 cm 10 mW

(c) Er 80 —10 cm 15 mW

(d) Er 80 —10 cm 20 mW

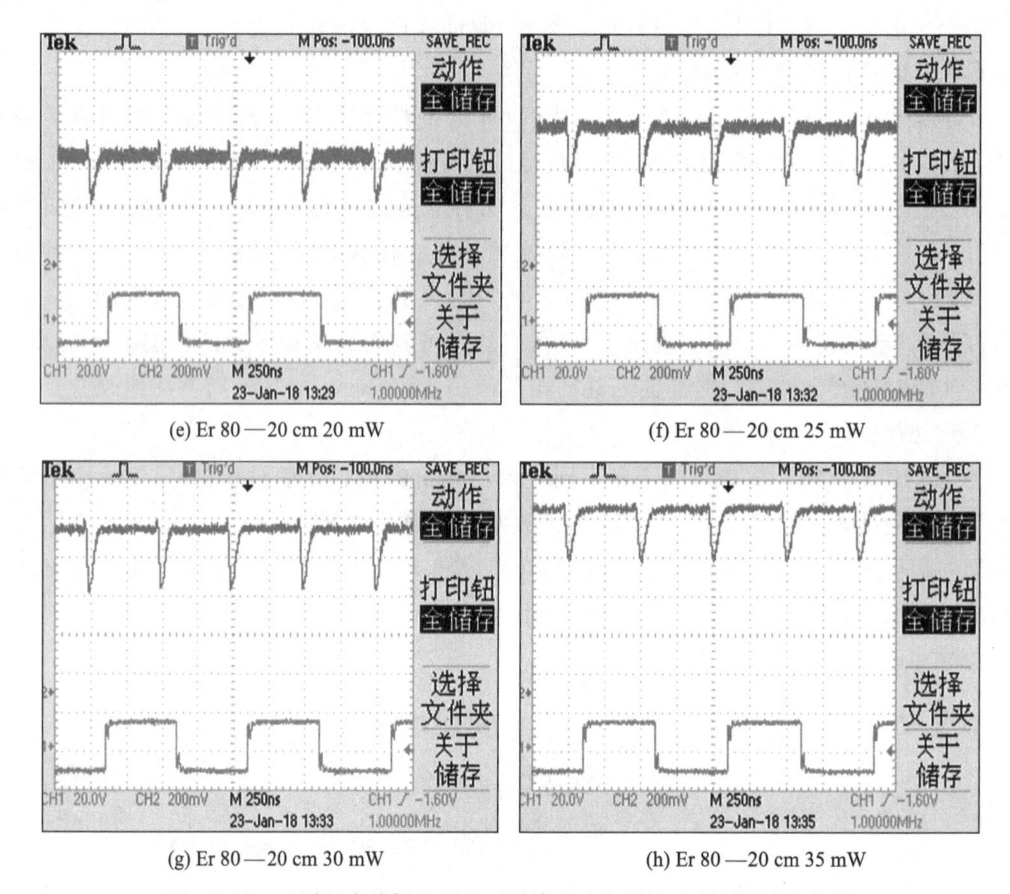

(e) Er 80—20 cm 20 mW　　(f) Er 80—20 cm 25 mW

(g) Er 80—20 cm 30 mW　　(h) Er 80—20 cm 35 mW

图 2.2.12　不同长度掺铒光纤在不同输入功率下的动态光栅输出信号

本实验得到了国家自然科学基金(国家自然科学基金,11174109,非相干泵浦辅助的固态系统的相干特性的研究;国家自然科学基金,10774058,驻波场驱动的量子相干效应的研究)的支持。

四、参考文献

附录 1　部分仪器使用方法

1. M110-2J-FS 光纤耦合声光调制器使用说明

声光调制器(AOM)使用晶体内的声波来创建衍射光栅。随着所施加的射频(RF)信号的功率变化，衍射光的量成比例地变化。调制器可以像快门（以设定的频率打开和关闭光）循环使用，也可以用作可变衰减器（动态控制透射光的强度）。它的应用有外差式干涉测量，功率稳定，强度调制，脉冲选择，降频，激光多普勒测速，激光线宽测量，激光雷达，标记，材料加工，微加工，印刷，钻孔等。选择调制器的最重要因素是所需的速度。这会影响材料的选择，调制器设计和要使用的 RF 驱动器。调制器的速度由上升时间描述，该上升时间确定调制器可以对应用的 RF 驱动器做出响应的速度，并限制调制速率。上升时间与声波穿过光束所需的时间成比例，受调制器内光束直径的影响。根据其速度，调制器分为两大类。速度快的调制器可以提供高达 70 MHz 的调制频率，并且上升时间可以低至 4 ns。输入光束必须紧密地聚焦到调制器中才能达到该速度。较低频率的调制器没有此限制，但是可以接受较大的输入光束。它们的上升时间通常是相对于输入光束直径指定的，单位为 ns/mm。

光纤耦合声光调制器（FCAOM）是光纤激光器的幅度调制的一个非常好的解决方案，它可以直接控制激光输出的时间、强度和时间形态。光纤 Q 调制器在可见光和红外波段，无论是在偏振模式还是非偏振模式都具有高消光比、低插入损耗和高稳定性的特点。光纤耦合声光调制器最初是安装在光纤中调制光纤中光的强度，而不破坏光纤本身来设计的。传统上，光纤激光器的调制是通过主振荡功率放大器（MOPA）实现的。MOPA 需要一个单独的半导体激光种子源来调制脉冲产生的形状。光纤耦合声光调制器则简单便捷很多，直接集成可以保持更可靠、更高功率的光路闭合的同时损耗更低。光纤耦合声光调制器可以直接控制光纤激光器有效输出的时间特性，提供更广泛的脉冲波形。作为声光效应的产物，通过光纤耦合声光调制器的一阶衍射模式的光也会经历频移和光束偏转。这使得光纤 Q 产品不仅可用于调制，还可用于激光以外的应用，如光外差干涉测量。最近新增加的可见光光纤 Q 产品也将使全光纤仪器的结构设计更加紧凑，它可用于显微镜和流式细胞术等生物医学领域。根据客户要求调制速度、波长、光束直径、低插入损耗、具有高消光比和出色的回波损耗等一系列的光纤耦合声光调制器，能为客户提供更好的解决方案。通过高阈值工艺，我们能够提供损伤阈值超过 1 GW/cm^2 和低散射的声光调制器。图 2.2.13 是我们在实验中使用的 M110-2J-FS 光纤耦合声光调制器。光纤耦合声光调制器光纤末端的连接操作方式简单便捷。相应的 RF 驱动器按光纤耦合声光调制器的上升时间确定。

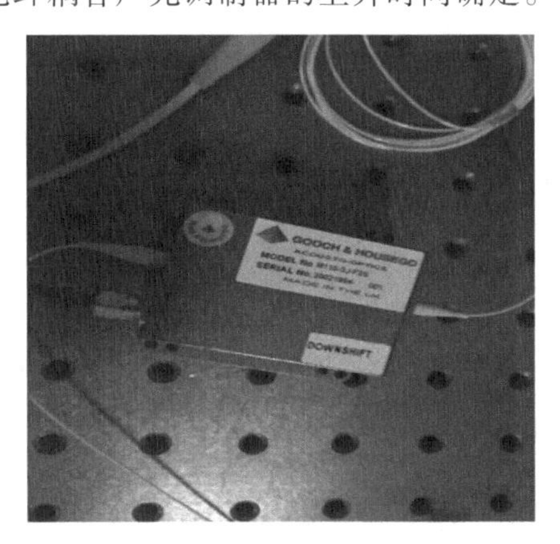

图 2.2.13 M110-2J-FS 光纤耦合声光调制器

2. 信号发生器

DG4000 系列信号发生器集函数发生器、任意波形发生器、脉冲发生器、谐波发生器、模拟/数字调制器、频率计等功能于一身，是一款经济型、高性能、多功能的"双通道函数/任意波"发生器。该系列的所有型号均具有 2 个功能完全相同的通道。通道间相位可调。

选择基本波形　　DG4000 可输出 5 种基本波形，包括正弦波、方波、锯齿波、脉冲和噪声。开机时，仪器默认选中正弦波。

(1) 正弦波　　按下前面板 Sine 按键选择正弦波，按键背灯变亮。此时，用户界面右侧显示"Sine"及正弦波的参数设置菜单。

(2) 方波　　按下前面板 Square 按键选择方波，按键背灯变亮。此时，用户界面右侧显示"Square"及方波的参数设置菜单。

(3) 锯齿波　　按下前面板 Ramp 按键选择锯齿波，按键背灯变亮。此时，用户界面右侧显示"Ramp"及锯齿波的参数设置菜单。

(4) 脉冲　　按下前面板 Pulse 按键选择脉冲，按键背灯变亮。此时，用户界面右侧显示"Pulse"及脉冲的参数设置菜单。

(5) 噪声　　按下前面板 Noise 按键选择噪声，按键背灯变亮。此时，用户界面右侧显示"Noise"及噪声的参数设置菜单。

占空比定义为方波波形高电平持续的时间所占周期的百分比，如图 2.2.14 所示。

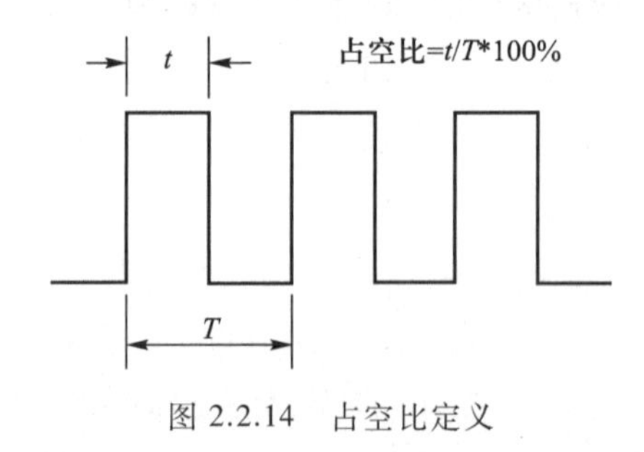

图 2.2.14　占空比定义

设置占空比

占空比的可设置范围受"频率/周期"设置的限制，默认值为 50%。按 占空比 按键使其突出显示。此时，使用数字键盘输入数值并在弹出的单位菜单中选择单位"%"或者使用方向键和旋钮修改当前值。

设置脉冲参数

如图 2.2.15 所示，欲输出脉冲波，除了配置基本参数（如频率、幅度、DC 偏移电压、起始相位、高电平、低电平和同相位）之外，还需设置"脉宽/占空比""上升边沿时间"和"下降边沿时间"。

谐波功能概述

由傅里叶变换理论可知，时域波形是一系列正弦波的叠加，用如下等式表示

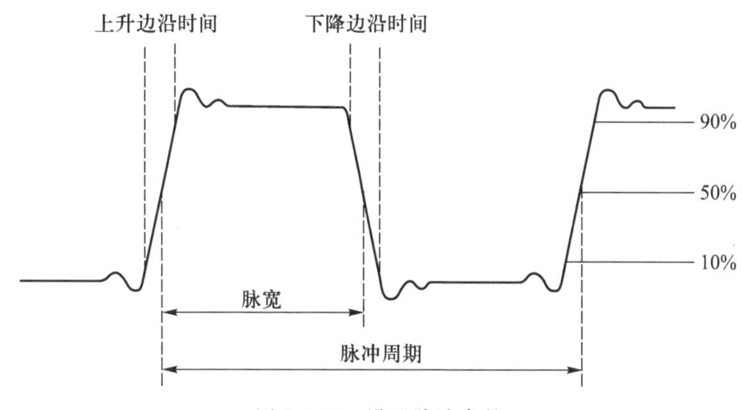

图 2.2.15 设置脉冲参数

$$f(t)=A_1\sin(2\pi f_1+\varphi_1)+A_2\sin(2\pi f_2+\varphi_2)+A_3\sin(2\pi f_3+\varphi_3)+\cdots$$

频率为 f_1 的分量称为基波，其他各分量的频率为基波频率的整数倍，称为谐波。DG4000 信号发生器最高可输出 16 次谐波。选择 CH1 端口或 CH2 端口后，按前面板 Harmonic 按键进入谐波设置菜单。谐波参数设置完成后，按下 Output1 按键或 Output2 按键，仪器从相应的输出端输出具有指定参数的谐波。

选择任意波

按 Arb → 选择波形 按键选择“内建波形”“已存波形”“易失波形”或“直流”进行输出。

内建波形

选择 DG4000 信号发生器内建的 150 种任意波形，如表 2.2.1 所示。按 内建波形 按键，选择一个类别（“常用”“工程”“分段调制”“生物电”“医疗”“标准”“数学”“三角函数”“倒三角”或“窗函数”），界面显示对应的波形，旋转旋钮选择所需波形，按 选择 按键选中指定波形。

表 2.2.1 波　形

名称	说明
常用	
DC	直流电压
Abssine	正弦绝对值
AbssineHalf	半正弦绝对值
AmpALT	增益振荡曲线
AttALT	衰减振荡曲线
GaussPulse	高斯脉冲
NegRamp	倒三角

续表

名称	说明
NPulse	负脉冲
PPulse	正脉冲

附录 2 硅光纤中铒离子的能级结构及光谱特性

铒(Er)是一种稀土元素,属于元素周期表中的镧系元素。镧系元素共有 15 种,处于元素周期表的第五行,其原子数从 57 到 71,首位是原子数为 57 的元素镧(La)。镧系元素的原子结构非常相似,包括 5s, 5p, 6s 层电子以及未填满的 4f 层电子,不同镧系元素的区别在于占据 4f 层的电子数。由于光子吸收和辐射引起的跃迁发生在 4f 层,因此镧系元素的光学特性是由占据 4f 层的芯电子决定的。稀土元素离子一般是三价态形式(如 Er^{3+},Yb^{3+}),缺少两个 6s 层电子和一个 4f 层的电子。由于 4f 层的剩余电子被 5p 和 5s 层屏蔽从而不易受到外场干扰,所以其吸收特性和荧光特性对外场的依赖性也较小,其光谱特性较为稳定。

Er^{3+}能级结构如图 2.2.16 所示,其中$^4I_{15/2}$是基态,$^4I_{13/2}$是亚稳态,更高能级的激发态对应不同的泵浦能带。能级$^4I_{11/2}$和$^4I_{15/2}$对应 0.98 μm 的泵浦能带,$^4I_{13/2}$到$^4I_{15/2}$对应 1.52 ~ 1.57 μm 的信号光和 1.46 ~ 1.50 μm 的共振泵浦能带,此跃迁对光通信的低损耗窗口(1.55 μm)波段有贡献。由能级图可以看出能对 Er^{3+}泵浦的波长还有 0.5 μm,0.65 μm 和 0.8 μm 等。但这些波长存在着激发态吸收,而泵浦波长 0.98 μm 和 1.48 μm 不存在激发态

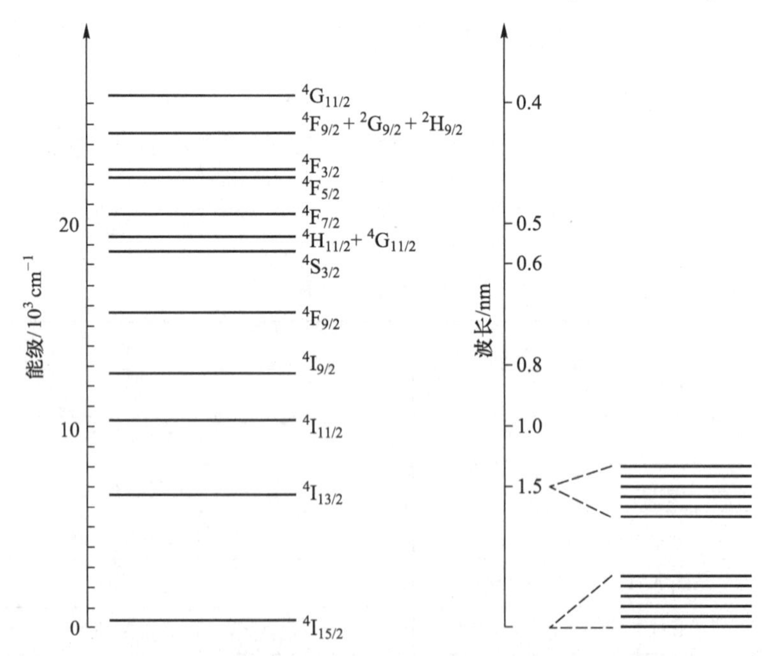

图 2.2.16 Er^{3+}能级结构及基态和亚稳态的斯塔克分裂示意图

吸收，所以通常选择 0.98 μm 和 1.48 μm 作为掺铒光纤的泵浦光源。在室温下，常见的氧化物玻璃中，$^4I_{13/2}$是唯一的亚稳态能级，所以对于掺铒光纤放大器和本文的掺铒光纤动态光栅都选择$^4I_{13/2}$和$^4I_{15/2}$作为工作能级。

图 2.2.17 为 Thorlabs 公司生产的 M5 型号掺铒光纤的铒离子吸收和发射光谱，实验表明发射光谱除了 1.53 μm 的峰值以外，在 1.55 μm 附近还有较宽的荧光分布。实际上很多商用的掺铒光纤其增益谱宽都超过 35 nm，这是因为铒离子的能级$^4I_{13/2}$和$^4I_{15/2}$受到光纤基质的影响产生了斯塔克分裂。当铒离子的能级受到外电场扰动时会发生分裂，基态$^4I_{15/2}$分裂个数可达 8 个，亚稳态$^4I_{13/2}$为 7 个，这使得铒离子的能级跃迁具有 56 种可能，因此光谱不再是单纯的均匀展宽，同时具有非均匀加宽效应。

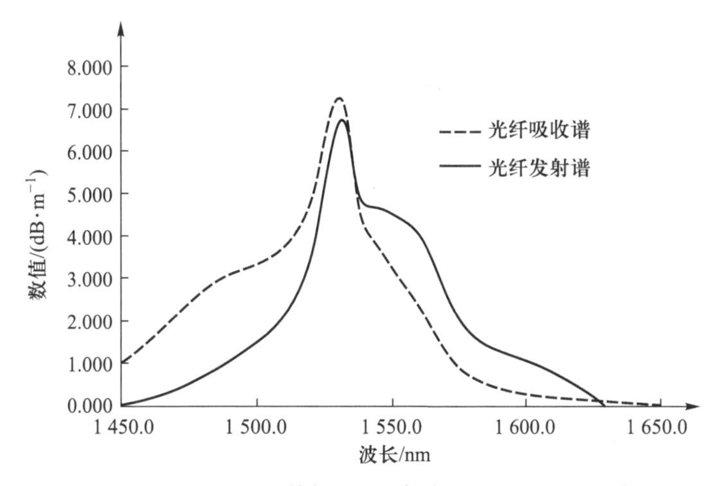

图 2.2.17 M5 型号掺铒光纤的铒离子吸收和发射光谱

当波长为 0.98 μm 的光作为泵浦源时，掺铒光纤可以简化为一个三能级系统，如图 2.2.3 所示。Er^{3+}离子在未受到外界泵浦激励时处于基态 E_1($^4I_{15/2}$)上，当泵浦光射入后，Er^{3+}离子吸收波长为 0.98 μm 的光子能量跃迁到激发态 E_3($^4I_{11/2}$)上，由于激发态 E_3 的能级寿命很短（1 μs 数量级），因此 E_3 能级上的粒子迅速以无辐射跃迁的形式落到亚稳态能级 E_2($^4I_{13/2}$)上，亚稳态能级寿命较长（10 ms 数量级）。受到泵浦光激励的粒子不断向 E_2 能级汇集，从而实现粒子数反转。当波长为 1.53 μm 左右的信号光输入时，E_2 能级的粒子受激辐射向 E_1 能级跃迁，产生和入射光子同频率、同相位、同偏振的全同光子，入射光就被放大。因为 Er^{3+} 离子的亚稳态和基态能级都具有一定的宽度，所以掺铒光纤的放大效应具有一定的波长范围。

2.3 傅里叶变换光学

一、实验原理

1. 透镜对入射波前相位的调制

当光通过透镜时，由于透镜的厚度不同，不同的透射位置会带来光程差，因此可以实现对波前相位的调制。如图 2.3.1 所示，在傍轴近似下，光线在透镜中走过的距离等于透镜的厚度，则相位的变化大小正比于透镜的厚度，忽略透镜的反射和吸收，即光波的振幅维持不变。设在透镜前复振幅为 $U_{\mathrm{L}}(x,y)$ 的光通过透镜后，其复振幅变为 $U_{\mathrm{L}}'(x,y)$，则有

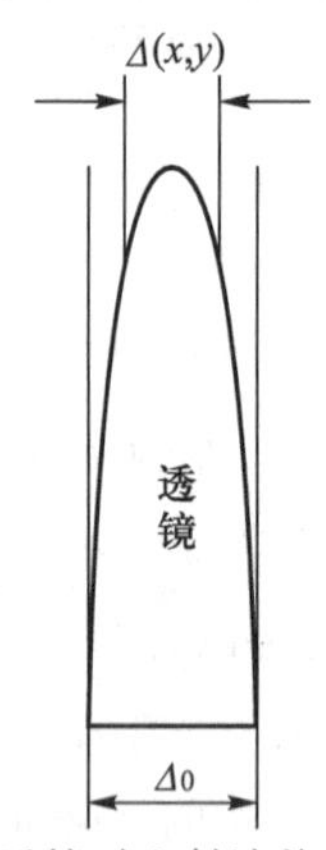

图 2.3.1　透镜对入射波前相位的调制

$$U_{\mathrm{L}}'(x,y)=U_{\mathrm{L}}(x,y)\exp[\mathrm{i}\varphi(x,y)] \tag{2.3.1}$$

其中 $\varphi(x,y)$ 为透镜厚度变化带来的相位改变，若透镜中心厚度为 Δ_0，透镜厚度为 $\Delta(x,y)$，设透镜折射率为 n，则通过透镜内部的光程为 $n\Delta(x,y)$，空气中的光程为 $\Delta_0-\Delta(x,y)$，则光线在坐标 (x,y) 点的相位差为

$$\varphi(x,y)=k[\Delta_0-\Delta(x,y)]+kn\Delta(x,y)=k\Delta_0+k(n-1)\Delta(x,y) \tag{2.3.2}$$

其中 $k=2\pi/\lambda$，为光波波数。

定义透镜复振幅透射率为 $t_{\mathrm{L}}(x,y)$，则有

$$t_{\mathrm{L}}(x,y)=\exp[\mathrm{i}\varphi(x,y)]=\exp(\mathrm{i}k\Delta_0)\exp[\mathrm{i}k(n-1)\Delta(x,y)] \tag{2.3.3}$$

透镜厚度函数在傍轴近似下,可以表示为

$$\Delta(x,y)=\Delta_0-\frac{(x^2+y^2)}{2}\left(\frac{1}{R_1}-\frac{1}{R_2}\right) \tag{2.3.4}$$

其中 R_1、R_2 是透镜的两个球面的曲率半径,对于双凸透镜 $R_1>0$、$R_2<0$。根据薄透镜焦距和透镜曲率半径关系

$$\frac{1}{f}=(n-1)\left(\frac{1}{R_1}-\frac{1}{R_2}\right) \tag{2.3.5}$$

则有

$$t(x,y)=\exp(\mathrm{i}kn\Delta_0)\exp\left[-\mathrm{i}\frac{k}{2f}(x^2+y^2)\right] \tag{2.3.6}$$

上式为光波通过透镜受到的相位调制的表达式。上式中第一项是相位因子 $\exp(\mathrm{i}kn\Delta_0)$,为入射光波的常量相位延迟,并不影响相位的空间分布,即不改变波面的形状,所以计算过程中可以略去。第二项 $\exp\left[-\mathrm{i}\frac{k}{2f}(x^2+y^2)\right]$ 具有调制作用,它表明光波通过透镜 (x,y) 点的相位延迟与该点到透镜光轴的距离的平方成正比,并与透镜的焦距有关。当考虑透镜孔径时,引入瞳函数

$$p(x,y)=\begin{cases}1, & \text{透镜孔径内}\\ 0, & \text{其他}\end{cases} \tag{2.3.7}$$

则透镜复振幅透射率为

$$t(x,y)=\exp\left[-\mathrm{i}\frac{k}{2f}(x^2+y^2)\right]p(x,y) \tag{2.3.8}$$

2. 透镜的傅里叶变换

平面波经过透镜后,被会聚到焦平面上,这个会聚点和入射平面波的方向一一对应,即透镜后焦平面上的复振幅和入射光的角谱之间存在着某种特定的关系。透镜之所以能实现傅里叶变换,与其二次相位因子有关。下面我们来推导透镜的傅里叶变换的关系,如图 2.3.2 所示,假设物平面在透镜的前焦平面上,而观察平面在透镜的后焦平面上,设 $U_0(x_0,y_0)$、$U_{\mathrm{L}}(x,y)$、$U_{\mathrm{L}}'(x,y)$、$U_{\mathrm{f}}(x_{\mathrm{f}},y_{\mathrm{f}})$ 分别表示物平面、透镜输入平面、透镜输出平面以及观察平面光波的复振幅分布。

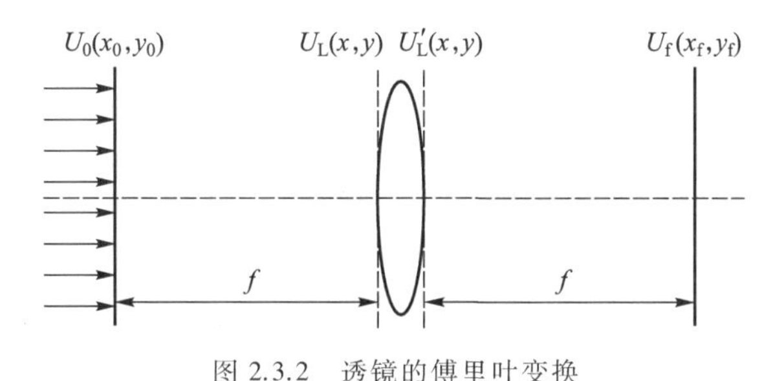

图 2.3.2 透镜的傅里叶变换

设物平面的复振幅透射率为 $t(x_0,y_0)$，则在振幅为 A 的平面单色波照射下

$$U_0(x_0,y_0)=At(x_0,y_0) \tag{2.3.9}$$

根据角谱理论，当光波传播到透镜输入平面处时

$$F\{U_L(x,y)\}=F\{U_0(x_0,y_0)\}\cdot H(f_x,f_y) \tag{2.3.10}$$

其中 $F\{\}$ 为傅里叶变换函数，$H(f_x,f_y)$ 为菲涅耳衍射频域效应传递函数

$$H(f_x,f_y)=\exp[-\mathrm{i}\pi\lambda f(f_x^2+f_y^2)] \tag{2.3.11}$$

其中 $f_x=\dfrac{x}{\lambda f}$，$f_y=\dfrac{y}{\lambda f}$。

$$F\{U_0(x_0,y_0)\}=A\cdot F\{t(x_0,y_0)\}=A\cdot T(f_x,f_y) \tag{2.3.12}$$

其中 $T(f_x,f_y)=F\{t(x_0,y_0)\}$，将(2.3.11)式和(2.3.10)式代入(2.3.10)式，得到

$$F\{U_L(x,y)\}=A\cdot T(f_x,f_y)\exp[-\mathrm{i}\pi\lambda f(f_x^2+f_y^2)] \tag{2.3.13}$$

根据上文推导，不考虑透镜孔径限制时

$$U'_L(x,y)=U_L(x,y)t_L(x,y)=U_L(x,y)\exp\left(-\mathrm{i}k\frac{x^2+y^2}{2f}\right) \tag{2.3.14}$$

光波由透镜后方传到焦点处时，在焦平面上的光场分布可由菲涅耳衍射公式给出

$$\begin{aligned}U_f(x_f,y_f)&=\frac{1}{\mathrm{i}\lambda f}\exp\left(\mathrm{i}k\frac{x_f^2+y_f^2}{2f}\right)F\left\{U'_L(x,y)\exp\left(\mathrm{i}k\frac{x^2+y^2}{2f}\right)\right\}\\&=\frac{1}{\mathrm{i}\lambda f}\exp\left(\mathrm{i}k\frac{x_f^2+y_f^2}{2f}\right)F\{U_L(x,y)\}\end{aligned} \tag{2.3.15}$$

将(2.3.12)式和(2.3.13)式代入(2.3.15)式得到

$$U_f(x_f,y_f)=\frac{A}{\mathrm{i}\lambda f}T(f_x,f_y) \tag{2.3.16}$$

从上式可以看到，透镜像方焦平面处的光场反映了衍射屏透射系数的傅里叶变换。经过进一步的分析，我们可以得到在用透镜对二维光学图像进行傅里叶变换时，若将图像放置在透镜的物方焦平面上，则在透镜的像方焦平面上可以得到输入图像准确的傅里叶变换。

3. 透镜孔径的影响

如图 2.3.3 所示，透过衍射屏的平面波，会形成不同的空间频率分布，其中高频成分分量

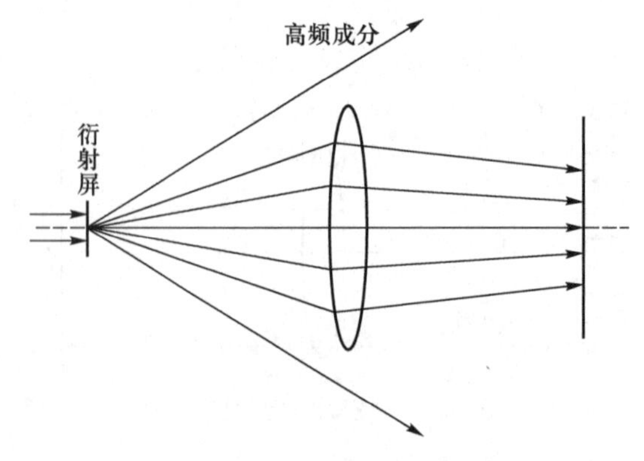

图 2.3.3 渐晕效应

由于透镜孔径限制，将无法通过透镜而在焦平面上聚焦，这就造成共轭像平面上的成像点产生模糊，此种效应称为渐晕效应，该效应造成了光学仪器存在一个特定的分辨率极限，通过增大透镜的直径可以有效地减小渐晕效应。

4. 相干光图像处理的 4f 成像系统与空间滤波

如图 2.3.4 所示的系统为 4f 成像系统，此系统可以从频谱角度对图像进行处理，为更加精细化地处理图像提供了有效途径。L_1 和 L_2 为一对共焦透镜，前焦平面为物平面 Π_0，共焦平面为变换平面 Π_T，后焦平面为像平面 Π_I。如果在共焦平面处未加任何处理，则在像平面处将得到物平面倒立等大的实像，即 $U_I(x',y') \propto U_0(-x,-y)$，此过程为物平面到变换平面处，实现一次傅里叶变换，而变换平面到像平面处又实现一次傅里叶逆变换。如果在共焦平面处加入遮挡屏，则变换平面处的空间频谱将发生改变，从而改变第二次傅里叶变换的结果，进而改变像平面处的图像，而此遮挡屏就是我们所说的空间滤波器。通过空间滤波可以对图像中的有用或者无用的信息进行提取或排除。

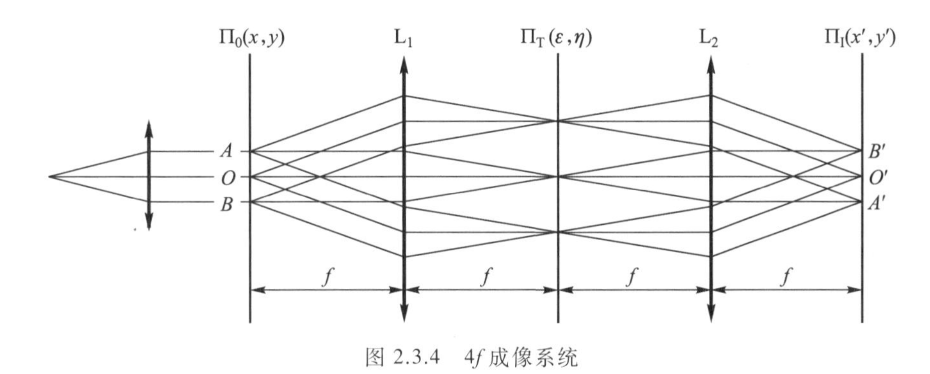

图 2.3.4 4f 成像系统

二、实验装置

光源、准直透镜、傅里叶透镜、物屏、遮挡屏、CMOS 镜头、成像透镜、电脑。

1. 傅里叶变换装置（图 2.3.5）

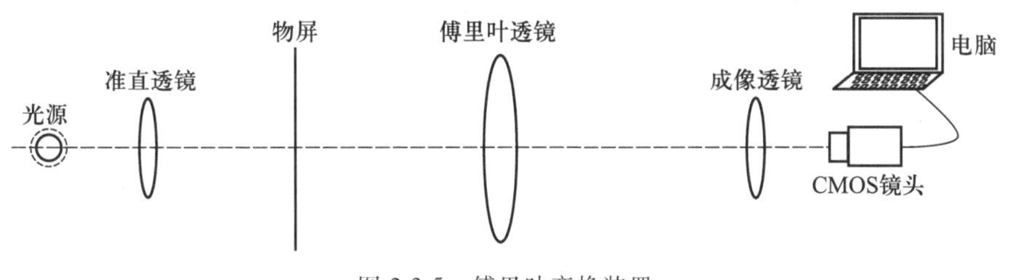

图 2.3.5 傅里叶变换装置

2. $4f$ 成像与滤波系统(图 2.3.6)

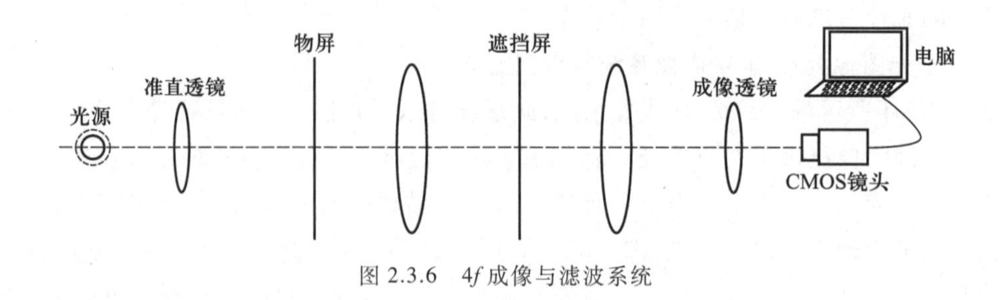

图 2.3.6 $4f$ 成像与滤波系统

三、研究内容

1. 了解透镜对波前的相位调制以及透镜实现傅里叶变换的原理。
2. 观察透镜傅里叶变换(FT)图像,观察 $4f$ 成像系统的傅里叶变换图像,并进行比较。
3. 在 $4f$ 成像系统的变换平面插入各种遮挡屏,观察相应的图像变化。

四、思考题

1. 透镜孔径对傅里叶变换有何影响?
2. $4f$ 成像系统为何能实现空间滤波?
3. 调节光路时需要注意什么?

五、参考文献

2.4 外腔可调谐半导体二极管激光器特性

激光是20世纪继核能、电脑、半导体之后，人类的又一重大发明，被称为"最快的刀""最准的尺""最亮的光"，它是通过原子受激辐射而实现放大的光，故名"激光"。世界上第一台激光器的成功演示距今已有60多年了。在此期间，激光技术以其强大的生命力谱写了一部典型的学科交叉的创造发明史，也造就了多个诺贝尔物理学奖。激光的应用已经遍及科技、经济、军事和社会发展的许多领域，远远超出了人们的预想。

导致激光发明的理论基础可以追溯到1917年，爱因斯坦在量子理论的基础上提出了一个崭新的概念：在物质与辐射场的相互作用中，构成物质的原子或分子可以在光子的激励下产生光子的受激辐射或吸收。这就隐示了，如果能使组成物质的原子（或分子）数目按能级的热平衡（玻耳兹曼）分布出现反转，就可能利用受激辐射实现光放大。美国的汤斯、俄罗斯的巴索夫和普洛霍洛夫创造性地继承和发展了爱因斯坦的理论，提出利用原子、分子的受激辐射来放大电磁波的新概念，并于1954年第一次实现了氨分子微波量子振荡器。1958年，汤斯和肖洛提出利用尺度远大于波长的开放式光谱振腔实现激光器的新思想。布隆伯根提出利用光泵浦三能级原子系统实现原子数反转分布的新构思。终于在1960年7月，梅曼演示了世界第一台红宝石固态激光器。此后，各类激光器及其应用的研究如雨后春笋般涌现，激光产业蓬勃发展。

半导体激光器是利用半导体工作物质中的电子跃迁引起光子受激辐射而产生的光振荡器和光放大器的总称。1962年，通用电气公司研究实验室工程师哈尔在GaAs半导体中观察到了低温脉冲激光发射，这标志着世界上第一支半导体激光器的问世。1964年，J. W. Crowe进行了GaAs半导体激光的外腔实验，P. G. Eliseev于1969年首次报道了短外腔实验。70年代以后，双异质结半导体激光器被发明，实现了在室温下连续工作。同期由于单模光导纤维的出现，光通信产业在80年代迅速崛起。正是在这种背景下，外腔激光器的研究从80年代初开始更加活跃起来。当时的半导体激光器不能单模工作，一些著名的大学及研究所如美国的麻省理工学院和华盛顿海军实验室、英国的国家电信研究所、日本的东京工业大学等采用外腔对多模半导体激光器进行选模和压窄线宽，同时通过外腔对半导体激光器内部工作机理和特性进行研究。

发展至今，半导体激光器表现出结构紧凑、高效率、高功率和高可靠性等优点，其尺寸可以只有手掌大小，效率可达30%~40%，连续输出功率最大只有几瓦，而且成本低廉，寿命可达数万小时。外腔半导体激光器还具有优良的光谱性能：光谱纯度高（窄光谱线宽），波长调谐可以覆盖从可见光到中红外区域，并且可以产生超短脉冲（ps）输出，实现高频（GHz 量级）幅度和频率调制。与其他种类的激光器相比，半导体激光器的诸多优点使其拥有更广阔的应用前景，目前不仅在科学研究、激光测量、光谱分析、光纤通信等专业领域有着成熟的应用，而且登上课堂、走进家庭，与人们的学习与生活密不可分。

一、实验目的

1. 掌握激光的基本概念，认识激光器的基本结构。
2. 掌握半导体激光二极管的工作原理和基本特性。
3. 了解光学谐振腔的作用，学习调整外腔半导体激光器谐振腔的方法。
4. 学习激光模式、波长、光束质量、发散角等参数的测量方法。

二、实验原理

1. 激光的基本原理

激光一词，来源于英文 Laser（Light Amplification by Stimulated Emission of Radiation），即光辐射通过受激辐射而产生的光放大。1964 年，在钱学森的建议下，人们将 Laser 正式翻译成“激光”。导致激光产生的理论基础可以追溯到 1917 年，爱因斯坦提出：在物质与辐射场的相互作用中，构成物质的原子或分子可以在光子的激励下产生光子的受激辐射或吸收。按照爱因斯坦理论，光与物质相互作用具有以下三个基本过程：自发辐射、受激吸收、受激辐射，分别如图 2.4.1（a）、图 2.4.1（b）和图 2.4.1（c）所示。

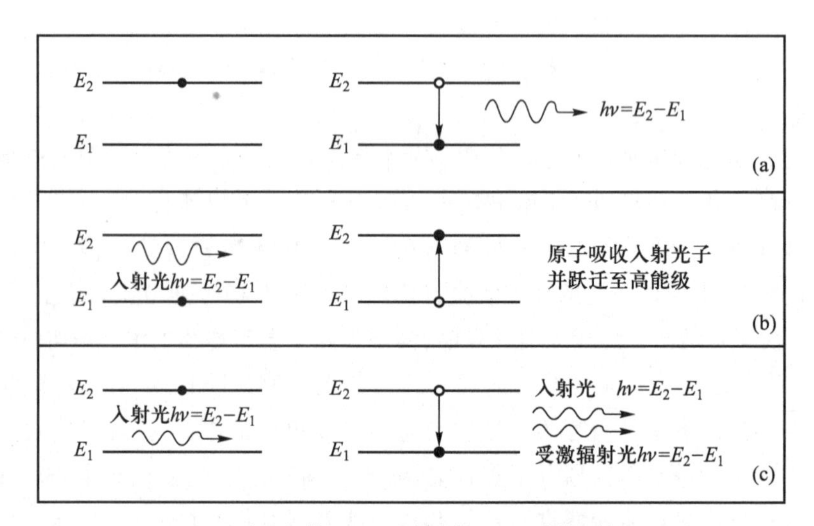

（a）自发辐射 （b）受激吸收 （c）受激辐射

图 2.4.1 原子的自发辐射、受激吸收、受激辐射示意图

由光与物质的相互作用机制可知,原子放出光子的机制只有自发辐射和受激辐射两个过程。原子的自发辐射过程完全是一种随机过程,各原子的自发辐射各自独立、互不关联,即所辐射的光在发射方向上是无规则地射向四面八方,另外末相位、偏振状态也各不相同。受激辐射过程有显著的特点:入射光子与出射光子全同——不仅频率(能量)相同,而且发射方向、偏振方向以及光波的相位都完全一样。于是,入射一个光子,就会出射两个完全相同的光子,这意味着原来的光信号被放大,这种受激辐射过程就是激光产生的基本物理机制,也是激光的英文全名所表达的含义。

需要指出的是:入射光子不仅能引起受激辐射,同时它也能引起受激吸收。所以,只有当处在高能级的原子数比处在低能级的还多时,受激辐射跃迁才能超过受激吸收,从而占据优势。这种高能级上的粒子数比低能级上的粒子数多的情况,称为粒子数反转。在热平衡条件下,原子几乎都处于最低能级(基态)。因此,利用泵浦机制实现粒子数反转是产生激光的必要条件。为了方便实现粒子数反转,常规激光多采用三能级或四能级系统,如图 2.4.2 所示。

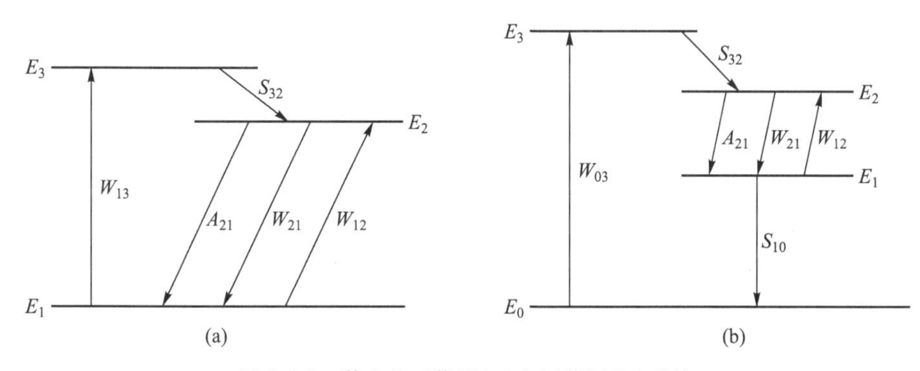

图 2.4.2 激光的三能级(a)和四能级(b)系统

通常可采用电泵浦或光泵浦等方式,将基态的原子激发到高能级 E_3 上,能级 E_3 上的粒子数通过无辐射跃迁转移到发光上能级 E_2,形成能级 E_2 和 E_1 之间的粒子数反转,从而导致激光放大。另外,由于各种加宽机制的影响,发光上能级 E_2 具有一定的能级展宽,因此发出的光在频谱上具有一定的宽度,形成发光的谱线。对于固体工作物质来说,由于晶格振动加宽机制的作用,发光的谱线宽度可达到 GHz 量级,导致激光的单色性较差。

为了解决这个问题,可以在激光工作物质的两端各加一面反射镜,构成谐振腔。两个平行的平面镜就可构成一个最简单的谐振腔,这也就是我们所熟知的法布里-珀罗(F-P)干涉仪。光在两面腔镜之间多次往返,不但可以充分利用工作物质的增益,而且还可以形成腔轴线方向上的驻波分布,即谐振腔的纵模,如图 2.4.3 所示;也可以形成腔的横向上的光强稳定分布,即谐振腔的横模,导致激光出射光斑的光强分布。在固体激光器中,一般谐振腔的腔模宽度远小于谱线加宽,如图 2.4.3 所示,因此只有落于谱线加宽范围内的谐振腔腔模才能获得稳定的增益放大,形成激光。激光的出射谱线宽度取决于工作物质谱宽和谐振腔腔模宽度两者中的极小值。工作物质、泵浦源和谐振腔构成了激光器结构的三要素。对于固体激光器,工作物质为晶体棒,泵浦方式多采用氙灯泵浦,因此激光器结构三要素也可简称为:

“棒”“灯”“腔”,如图 2.4.4 所示。

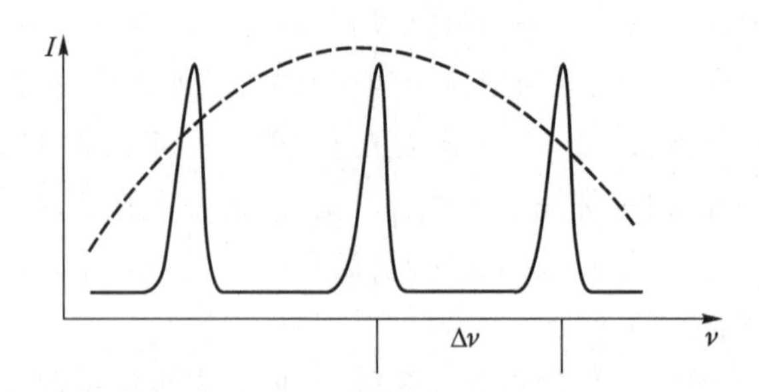

图 2.4.3　腔模(实线)与原子的加宽谱线(虚线)之间的关系

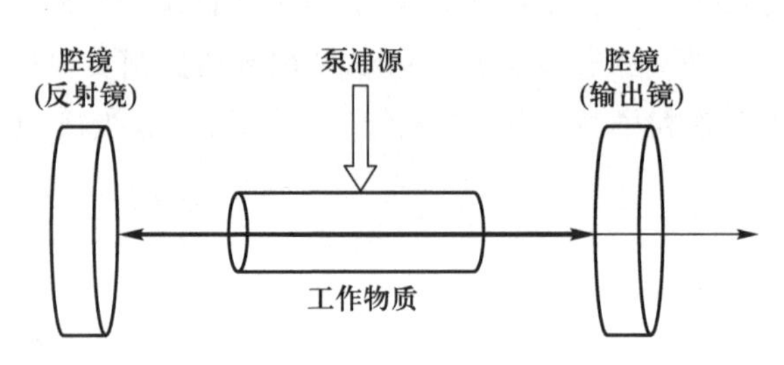

图 2.4.4　典型激光器结构

2. 半导体二极管激光器的发光机制

在半导体二极管激光器中,电子和空穴都成为载流子,它们的数目是相等的。电子填充空穴的过程称为电子和空穴的复合。与原子内部能级间发生电子跃迁而放出光子的发光机制不同,半导体器件中的电子-空穴对随机复合产生自发辐射发光,放出的光子可诱使其他电子-空穴对发生复合而放出新的光子形成受激辐射。利用受激辐射光放大产生激光是半导体二极管激光器的基本工作原理,这一点与 He-Ne 激光器等其他基于原子跃迁的激光器相同。

半导体二极管激光器以半导体材料为工作物质,其能带结构由价带、禁带、和导带组成,而导带和价带又由不连续的能级构成。图 2.4.5 表示的是以波矢 k 为横坐标的一直接带隙

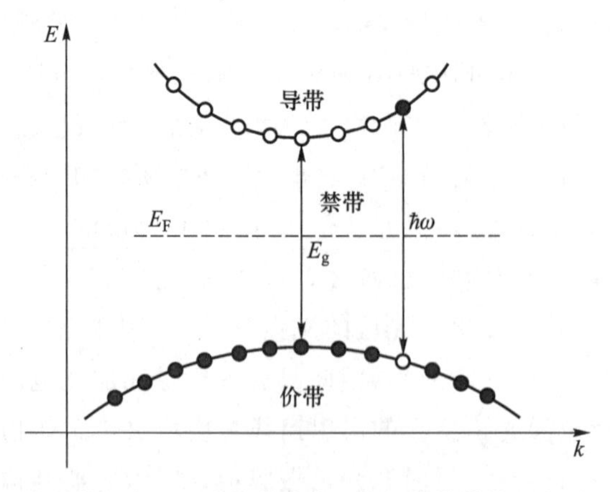

图 2.4.5　热平衡状态下一直接带隙半导体的能带结构和电子、空穴分布

半导体的能带结构。所谓直接带隙半导体指的是这样一种半导体，其导带底（导带中能量的最低点）与价带顶（价带中能量的最高点）正好相对，即它们对应同一个波矢 k。

当电子被约束在一个有限的区域内，其状态是量子化的，即由于电子的状态波函数相应的波矢 k 不能任意取值，其任意相邻状态的波矢之差 Δk 是一定的。这样电子在导带和价带中的能级可用图 2.4.5 中的两条抛物线上的圆点表示。实心圆点表示该能级为电子价带中相应的电子态能量 E_a 和导带中相应的电子态能量 E_b，分别为

$$E_a = \hbar^2 k^2 / 2m_v \tag{2.4.1}$$

$$E_b = \hbar^2 k^2 / 2m_c \tag{2.4.2}$$

式中 m_v 为价带中电子（或空穴）的有效质量，m_c 为导带中电子的有效质量。所以对同一个波矢 k，可以是电子在价带中占据能级 E_a，也可以是电子在导带中占据能级 E_b。

在热平衡状态下，电子处于能量为 E 的状态的概率由费米-狄拉克分布给出

$$f(E) = 1/(e^{(E-E_F)/k_B T} + 1) \tag{2.4.3}$$

式中 k_B 是玻耳兹曼常量；T 是温度；E_F 是费米能级，它在导带和价带之间。如果费米能级 E_F 离导带底和价带顶都足够远，则在热平衡下，由（2.4.3）式可知，电子基本上处于价带，而导带几乎是空的。这时若有一频率为 ω 的光子入射到此半导体中，并且其能量满足

$$\hbar\omega = E_b + E_a + E_g = \frac{\hbar^2 k^2}{2}\left(\frac{1}{m_v} + \frac{1}{m_c}\right) + E_g = E_g + \frac{\hbar^2 k^2}{2m^*} \tag{2.4.4}$$

式中 E_g 为禁带宽度；$\frac{1}{m^*} = \frac{1}{m_v} + \frac{1}{m_c}$ 为电子的约化质量。那么价带中的电子便会吸收此光子而跃迁到导带中去，占据导带中的一个能级而在价带中留下一个空穴，如图 2.4.5 所示。同样，当电子处于导带中某一能级并且价带中有一个空穴［两者的能量满足（2.4.1）式和（2.4.2）式］的时候，有一频率 ω 满足（2.4.4）式的光子入射到半导体介质中，处于导带中能级 E_b 上的电子便会在光子的作用下，跃迁到价带中空穴占据的能级 E_a 上，发出一个与入射光子状态相同的受激跃迁光子。

为使半导体介质具有增益，即能对光辐射起放大作用，则要求导带和价带之间形成粒子数反转状态，即：对于某一波矢 k，作为激光器上能级的导带中的电子数大于作为激光器下能级的价带的电子数。载流子的注入将影响电子在导带和价带中的分布。在外界激励产生非平衡载流子的情况下，导带电子和价带电子处于非热平衡状态，不能再用统一的费米能级描述载流子的分布。偏离热平衡状态时，由于载流子带间跃迁寿命比它们的带内弛豫时间长很多，即导带或价带电子与晶格发生能量交换的概率比导带电子自发跃迁到价带中未被电子占有的能级的概率大得多，因此可认为导带和价带中的电子与晶格各自独立地处于热平衡状态。这时要引入导带准费米能级 E_{Fc} 和价带准费米能级 E_{Fv}，电子处于导带和价带能级的概率可分别表示为

$$f_c(E) = 1/(e^{(E-E_{Fc})/k_B T} + 1) \tag{2.4.5}$$

$$f_v(E) = 1/(e^{(E-E_{Fv})/k_B T} + 1) \tag{2.4.6}$$

若有频率为 ω 的光子入射，将同时引起导带中能级 E 和价带中相应能级（$E-\hbar\omega$）间的受激辐射和受激吸收。显然，受激辐射占优势的条件为

$$f_c(E) > f_v(E - \hbar\omega) \tag{2.4.7}$$

结合(2.4.5)式和(2.4.6)式,(2.4.7)式可简化为

$$E_{Fc} - E_{Fv} > \hbar\omega \geqslant E_g \tag{2.4.8}$$

由上述论述可推论出,对高掺杂材料形成的 pn 结注入正向电流可使导带的准费米能级 E_{Fc} 和价带的准费米能级 E_{Fv} 分别进入导带和价带,形成(2.4.8)式所示的导带和价带之间的粒子数反转,从而受激辐射占据优势产生激光出射(图 2.4.6)。

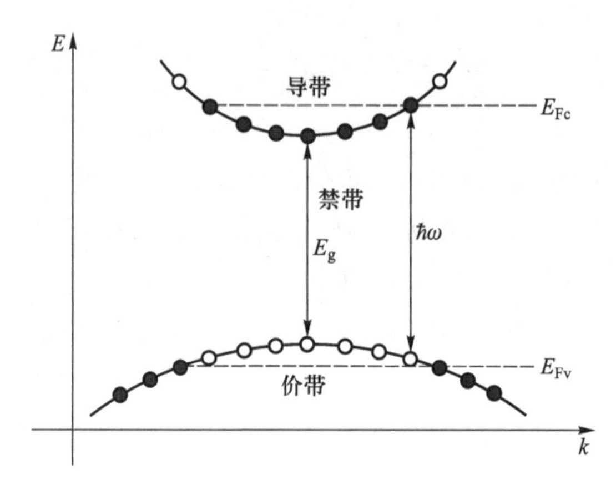

图 2.4.6 非热平衡状态下一直接带隙半导体的能带结构和电子、空穴分布

3. 半导体二极管激光器的基本结构

半导体二极管激光器所涉及的半导体材料有很多种,但目前最常用的主要有两种材料体系。一种材料体系是以 GaAs 和 $Ga_{1-x}Al_xAs$(下标中 x 表示 GaAs 中被 Al 原子取代的 Ga 原子的百分数)为基础。这种激光器的激光发射波长 λ 取决于下标 x 及掺杂情况,一般为 0.85 μm 左右。另一种材料体系是以 InP 和 $Ga_{1-x}In_xAs_{1-y}P_y$ 为基础的。这种激光器的激光发射波长 λ 取决于下标 x 和下标 y,一般为 0.92~1.65 μm。近年来,以 $Ga_{1-x}Al_xAs$/GaAs 和 $In_{0.5}(Ga_{1-x}Al_x)_{0.5}P$/GaAs 材料体系(其波长分别为 780 nm 和 630~680 nm)为基础的可见光半导体激光器也得到迅速发展。

与单一材料成分构成的体型半导体材料相比,多种材料成分构成的结型半导体材料具有更高的电子-空穴复合效率,更有利于形成光辐射出射,如 LED 发光二极管(利用自发辐射)和激光二极管(利用受激辐射)。最早研制成功的是同质结半导体激光器,其组成 pn 结的 p 型和 n 型半导体属于同一种材料。由于有源区的厚度达 1~2 μm,且折射率仅略高于 p 区和 n 区,致使光波导效应不明显,光波在有源区内传输时会漏入 p 区和 n 区并被吸收,所以同质结半导体激光器的阈值电流密度很高,导致器件发热而不能在室温下连续工作。其后,人们发展了实用性更强的单异质结和双异质结半导体激光器。由不同的 p 型和 n 型材料构成的 pn 结称为异质结,在有源区两侧有两个异质结则称为双异质结。我们以双异质结 GaAs 半导体激光器为例,介绍其基本结构。

双异质结 AlGaAs/GaAs 激光器的典型结构和光场分布如图 2.4.7 所示。其中 GaAs 是有源层,它的厚度为 0.1~0.2 μm。有源层被两层相反掺杂的 $Ga_{1-x}Al_xAs$ 包围层所夹持。包

围层是非激活区,有一定的损耗,进入包围层的光波在沿 z 轴方向行进的过程中将因损耗而衰减;有源层是激活区,对光波有放大作用,有源层中的光波在沿 z 轴方向行进的过程中将被放大而增强,受激辐射的产生与放大就是在有源层中进行的。这种双异质结构的重要特点是它能有效地把载流子(电子和空穴)约束在有源区内,从而为有效地进行受激辐射放大提供了有利的条件。两端的解理面形成反射率约为 0.3~0.32 的谐振腔端反射镜。

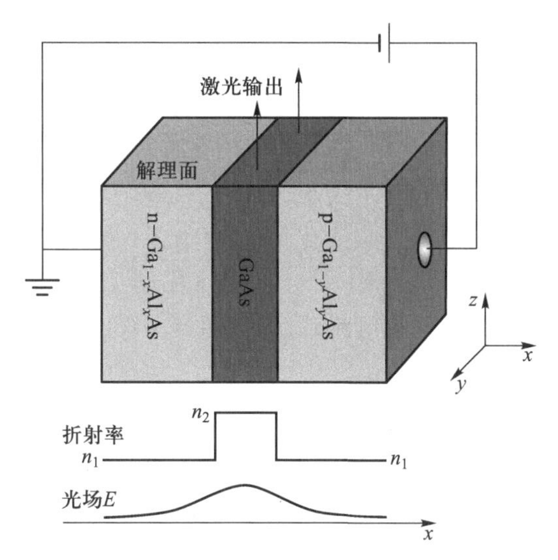

图 2.4.7 双异质结 AlGaAs/GaAs 激光器的典型结构和光场分布

4. **半导体二极管激光器的主要特性**

半导体二极管激光器具有体积小、寿命长、可集成的优点,并可采用简单的注入电流泵浦方式,操作简便,还可用高达 GHz 的频率直接进行电流调制以获得高速调制的激光输出,由此得到广泛的实际应用。半导体中同一能带内的载流子(电子或空穴)相互作用很强,发生电子跃迁后遗留的空态很快被带内电子所补充,因此半导体激光器的增益饱和具有均匀加宽的特性。然而,由于空间烧孔效应,如不采取特殊措施,半导体激光器通常为多模运转。半导体激光二极管的光束质量不是很好,光束发散角很大,发光功率和波长强烈依赖于温度和电流的变化。半导体激光二极管的发光机制和结构决定了它具有如下几个特性:

(1) 阈值电流和斜效率

光在谐振腔中往返传播时,不但通过工作物质会产生光放大,也由于激光谐振腔存在着各种各样的损耗而产生光衰减。激光器形成激光出射必须要满足:光在腔内往返一次,其增益要大于损耗。这个条件也就是激光振荡的阈值。

当形成激光后,在一定范围内,输出激光能量正比于注入能量。通过测量不同注入能量下的激光输出能量,可以得到一条能量输入-输出曲线。该曲线的斜率称为激光的斜效率。反向延长斜效率曲线的直线部分至横轴交点处,交点横坐标所对应的输入能量即为泵浦阈值,如图 2.4.8 所示。

半导体激光二极管制造封装好之后,其谐振腔内光的损耗就基本确定了。但半导体器件材料对温度的响应比较敏感,温度的改变使半导体二极管激光器的阈值也产生明显的变

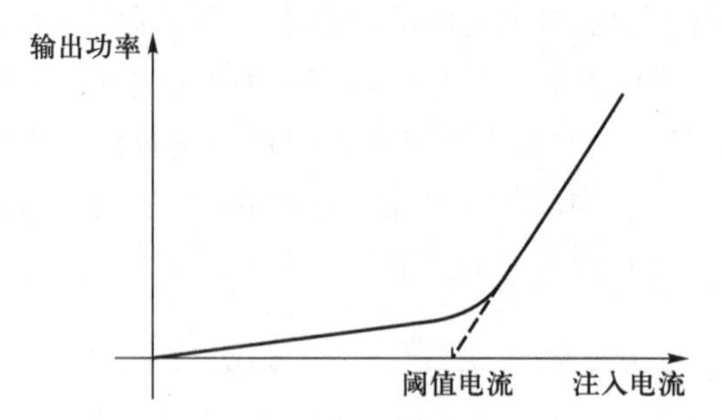

图 2.4.8 激光的斜效率曲线和泵浦阈值

化。阈值电流与温度的关系可表示为

$$I_{th}(T)=I_{th}(T_r)\exp\left(\frac{T-T_r}{T_0}\right) \tag{2.4.9}$$

其中，$I_{th}(T)$为某温度 T 下测量的阈值电流，T_r 为室温，$I_{th}(T_r)$为室温 T_r 下测量的阈值电流，T_0 为由实验拟合的参数。

（2）电流调谐特性

在阈值之上，半导体二极管激光器的注入电流的大小直接影响着激光器出射频率和功率。相对而言，激光器出射功率对注入电流更为敏感。因此，尽管通过电流可以调谐激光器频率，若要半导体二极管激光器稳定工作发光，还需要精密的电流控制。

随着注入电流的增大，注入的电子从导带底向上填充（参见图 2.4.6），产生更大的粒子数反转，导致半导体工作物质的增益曲线的最大值随之而增大，使激光器出射功率提高。同时需要指出的是，随着注入电子在导带的填充，注入电子的浓度越高，发生跃迁的电子-空穴对之间的能量间隔越大，增益谱产生蓝移，可能会导致“跳模”现象，如图 2.4.9 所示。

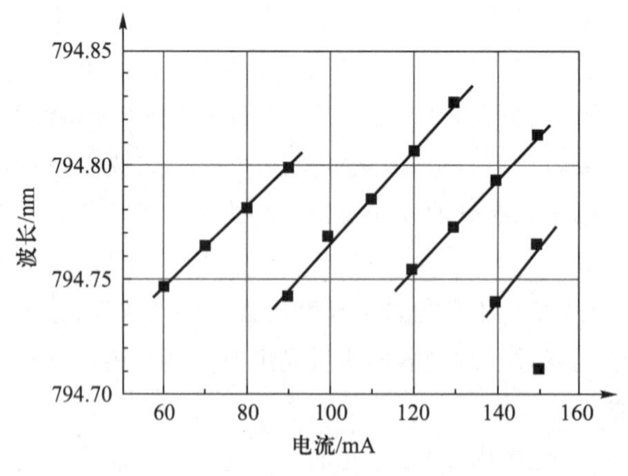

图 2.4.9 某激光二极管的波长-电流曲线，方块为测量点，直线表示模式

稳态时，由于等离子体效应，注入电流将会引起载流子浓度的变化，进而影响有源区的有效折射率，半导体材料的折射率与注入电流的大小呈线性关系

$$n(I)=n_0+K_r(I-I_0) \tag{2.4.10}$$

式中，n_0 是注入电流为 I_0 时的折射率，K_r 为比例系数。谐振腔内任一纵模 ω_q 谐振频率有如下关系

$$\omega_q = \frac{q\pi c}{nL} \tag{2.4.11}$$

式中，q 为任意正整数，n 为谐振腔内有效折射率，L 为谐振腔的有效长度。根据(2.4.10)式和(2.4.11)式可知，注入电流增大时，将会导致谐振波长的增大(非跳模情形)，如图 2.4.9 中实线所示。一般来说，半导体二极管激光器的注入电流调谐速率的典型值约为 0.01 nm/mA，低于温度调谐速率一个数量级。

(3) 温度调谐特性

半导体二极管激光器有源区介质的带隙能量和费米能级都是温度的函数，峰值增益波长及有效折射率也都存在温度依赖性。随着温度的增加，电子与晶格发生能量交换的概率也相应增大，电子在费米能级附近占有的概率变得更为平稳，有源区介质材料禁带宽度变窄，导致增益降低和增益峰向更低的频率移动。半导体材料的带隙与温度之间的关系可由以下经验公式给出

$$E_g(T) = E_g(0) - \frac{aT^2}{T+b} \tag{2.4.12}$$

式中，$E_g(0)$ 为 0 K 时的禁带宽度，a 和 b 为经验参数。禁带宽度变化可引起输出波长的变化

$$\lambda = \frac{hc}{E_g(T)} \tag{2.4.13}$$

根据(2.4.12)式和(2.4.13)式可知，温度升高能引起禁带宽度变窄，导致输出波长的增大。

另一方面，有源区半导体材料的有效折射率和谐振腔有效长度随温度的变化而变化，因此，温度的改变将导致每个激光发射模式光谱峰值波长的漂移。温度效应与等离子体效应引起有效折射率变化的方向是相反的。随着温度的升高，有效折射率减小而谐振腔有效长度增大，综合结果使有效光程 nL 和输出波长减小，导致温度调谐效率下降。

一般来说，半导体二极管激光器的工作温度变化对波长的影响大于注入电流的影响，其温度调谐速率典型值约为 0.2 nm/℃，高于注入电流调谐速率一个数量级。工作温度的改变对于激光器输出光功率的影响很小。温度调谐波长的响应时间只有毫秒量级。然而，当温度较高时，稳定载流子浓度所需要的增益下降、阈值电流上升、调制效率降低，甚至发生跳模或多模激光发射。这些不利影响限制了温度调谐的应用。

(4) 发散角

光场在半导体二极管激光器内部的分布几乎局限于有源层，由 pn 结两端解理面构成的谐振腔短小且反射率低，出射激光的方向性差，具有较大的发散角。在 pn 结的纵切面内，如图 2.4.10 所示，有源层的条宽远大于其厚度，几何形状呈扁条形。发光区域的几何不对称性使得在 pn 结的垂直和平行方向上出射激光具有不同大小的发散角，远场光斑呈椭圆形分布。

在垂直方向上，发散角可表示为

$$\theta_\perp \approx \frac{4.05d(n_2^2 - n_1^2)}{\lambda} \tag{2.4.14}$$

式中，n_2 为有源层的折射率，n_1 为包围层的折射率，d 为有源层的厚度，λ 为激光波长。可见，垂直发散角随着有源层厚度的增加而增加，一般可达 20°~30°。而在平行方向上，发散角可表示为

$$\theta_{/\!/} \approx \frac{\lambda}{w} \tag{2.4.15}$$

式中，w 为有源层的宽度。一般平行发散角约为几度。

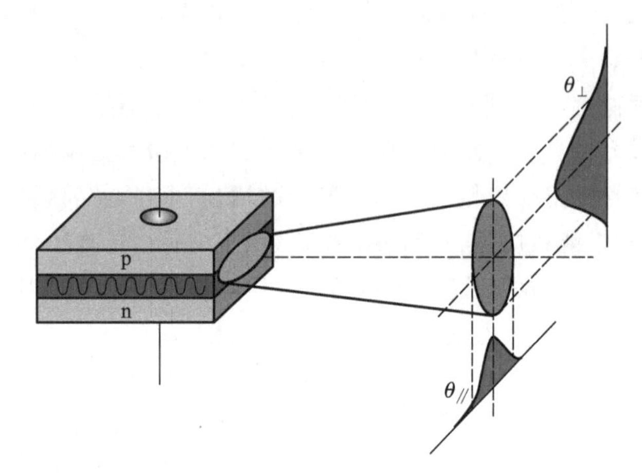

图 2.4.10 激光二极管的发散角

5. **光栅外腔半导体激光器的基本结构和性质**

由激光二极管的发光特性可知，尽管具有温度和电流的调谐功能，但激光二极管的发散角大、多模运转和频率温漂等缺点仍然是不可忽视的问题。为了提高半导体二极管激光器的性能和稳定性，不仅需要精密的电流和温度控制，还需要使用聚焦透镜改善光束的方向性和采用外部谐振腔提升模式纯度及相干性，甚至还要采用外部的稳频措施进行激光频率锁定。

用来构建外腔的光学元件可以有很多选择，如干涉滤光片、标准具、双折射滤光片、声光器件和光栅等。由于激光二极管的增益谱较宽，激励较强时容易产生多模运转，因此外腔半导体激光器一般需要采用滤波、色散腔等选模措施以保证激光的单模输出。光栅与其他元件相比，具有结构简单、调整方便、效率较高且容易实现波长调谐等优点，因此获得了广泛的应用。下面，我们具体论述光栅外腔半导体激光器的基本结构、原理和调谐方法。

(1) 闪耀光栅

闪耀光栅分为平面反射式闪耀光栅和透射式闪耀光栅。由于多缝透射光栅的入射光的能量大部分集中在没有色散的零级光谱上，其余能量又分散在各级光谱上，而实际使用中往往只利用其中一级，因此谱线很弱。平面反射式闪耀光栅的基本出发点在于把单缝衍射的主极强方向从没有色散的零级转到某一级有色散的方向上，以增大该级谱线强度。由此，我们在光谱测量和外腔半导体激光器等实际应用中普遍采用平面反射式闪耀光栅。

在图 2.4.11 中，衍射槽面（宽度为 a）与光栅平面的夹角为 θ，称为光栅的闪耀角。当平行光束入射到光栅上，由于槽面的衍射及各个槽面衍射光的相干叠加，不同方向的衍射光束

强度不同。当满足光栅方程

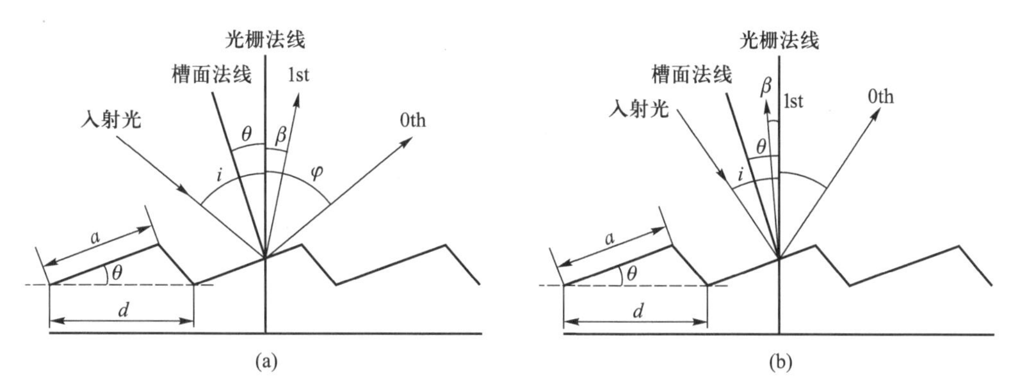

(a) 入射光与衍射光在光栅法线异侧 (b) 入射光与衍射光在光栅法线同侧

图 2.4.11 闪耀光栅槽面示意图

以及入射光、衍射光与光栅法线、槽面法线的几何关系

$$d(\sin i \pm \sin \beta) = m\lambda \tag{2.4.16}$$

时,光强将出现极大。式中 i 和 β 分别是入射光及衍射光与光栅法线的夹角;d 为光栅常量,即槽宽度,一般用每毫米的刻槽数目来表示;$m=0,\pm1,\pm2,\cdots$ 为干涉级;λ 是出现极大值时的波长。当入射光与衍射光在光栅法线同侧时,公式取正号,异侧时取负号。

由(2.4.16)式可知,当 $m=0$ 时,入射角与衍射角相等,$i=\beta=\varphi$,且与波长无关。这说明,零级衍射光即是入射光对光栅平面的反射光,所有入射光波长的零级衍射光的出射方向均相同,没有色散。对于非零级衍射光,假若把每一个光栅槽面看作一个小反射镜,它总是把入射光的大部分能量反射到遵循反射定律的方向,这个方向的光线变强,就好像看到表面光滑的物体反射的耀眼的光一样,所以这一方向称为闪耀方向。如图 2.4.11(a)情形,对光栅槽面的入射角为 $i-\theta$,反射角为 $\theta+\beta$,实现闪耀的条件是 $i-\theta=\theta+\beta$,从而有

$$\beta = i - 2\theta \tag{2.4.17}$$

代入(2.4.16)光栅方程,有

$$\sin i - \sin(i - 2\theta) = \frac{m\lambda}{d} \tag{2.4.18}$$

类似地,对于图 2.4.11(b)情形,对光栅槽面的入射角为 $i-\theta$,反射角为 $\theta-\beta$,实现闪耀的条件是 $i-\theta=\theta-\beta$,从而有

$$i + \beta = 2\theta \tag{2.4.19}$$

和

$$\sin i + \sin(2\theta - i) = \frac{m\lambda}{d} \tag{2.4.20}$$

在某些特定实际应用中,需要零级与一级衍射光在空间上分得开一些,这样选择入射光与衍射光在光栅法线同侧会更适合实际使用场景,如图 2.4.11(b)所示。

若入射角与衍射角相等,$i=\beta$,这种布置方式称为 Littrow 型,光栅方程为

$$2d\sin i = m\lambda \tag{2.4.21}$$

结合闪耀条件(2.4.19)式可得到:$i=\beta=\theta$,即入射角 i 等于光栅的闪耀角 θ,入射光及衍射光均垂直于衍射槽面。通常把满足(2.4.21)式的波长称为闪耀波长。由于 m 可以取值为 $m=1,2,3,\cdots$ 等正整数,因此对于一块确定的光栅仍然有第一级闪耀波长、第二级闪耀波长……一系列闪耀波长,习惯上在说明光栅的规格时,闪耀波长通常是指第一级闪耀波长(图2.4.12)。

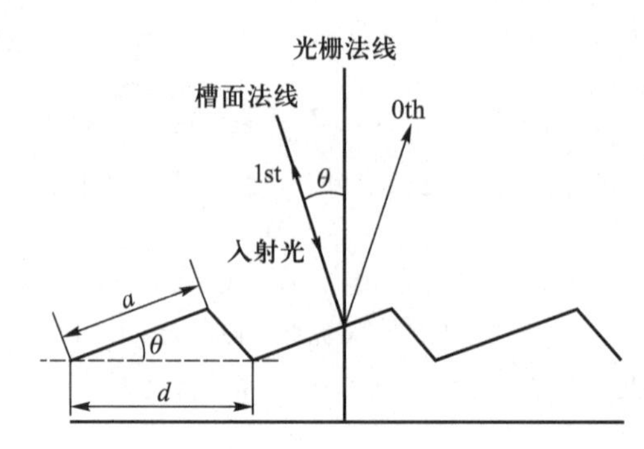

图 2.4.12 Littrow 型布置的入射光、零级和一级衍射光的方向

因此,由(2.4.20)式和(2.4.21)式,对于某一确定的光栅,闪耀角 θ 和光栅常量 d 固定,可以通过改变入射角 i 即可实现波长 λ 的某一 m 级($m\neq0$)的闪耀。此时,每个刻槽面衍射的中央极大值与槽面间干涉零级主极大分开,光能量从干涉零级主极大转移到某一级光谱上,只有某一个特定的波长的光的光栅效率增强,实现了某一级光谱的闪耀。另一方面,若先设计好某一 m 级的闪耀,例如假定 $m=1$,则改变入射角 i 则可使不同波长的光实现闪耀。

当光栅常量 d 较大($d>2\lambda$)时,如果第一级闪耀波长为 λ_1,光栅适用范围可由下面的经验公式计算

$$\frac{2}{2m+1}\lambda_1 < \lambda < \frac{2}{2m-1}\lambda_1 \tag{2.4.22}$$

式中,m 是所用的光谱级次。在此范围内,相对效率大于 0.4。

(2) 光栅外腔的结构

光栅外腔可调谐半导体激光器的光路安排主要有 Littrow 和 Littman 两种结构。其结构示意图如图 2.4.13 所示。由于激光二极管的发散角很大,且光栅要求入射光为平行光,因此激光二极管发出的光需要用一个短焦的复合透镜进行准直。准直后的光束作为入射光照射到闪耀光栅上,适当调整光栅使衍射光反馈回到激光二极管中,光栅与激光二极管解理面或镀膜的解理面构成半导体激光器的外部谐振腔。Littrow 结构是指利用光栅的 Littrow 型布置,光栅的一级衍射光被反馈到激光二极管中形成振荡,零级衍射光作为输出光束。Littman 结构则是用光栅和反射镜的配合来实现光路的反馈。由于全反射镜的作用,激光二极管出射的光束会经过两次光栅衍射后形成出射,反馈光束由光栅的一次和二次衍射叠加而成。因此,与 Littrow 结构相比,Littman 结构的激光线宽更小,但损耗也更大、输出功率更低。基于这两种光路的特点,本实验选择结构简单、调谐容易的 Littrow 结构作为光栅外腔结构。

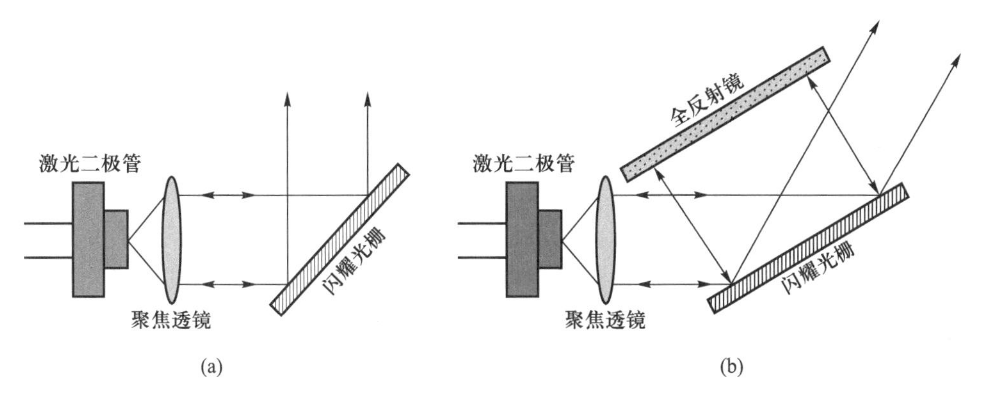

图 2.4.13 Littrow 型(a)和 Littman 型(b)光栅外腔可调谐半导体激光器结构示意图

(3) 外腔选模

半导体激光二极管具有较大的增益谱宽,一般可达数个 GHz 甚至数千个 GHz,具有均匀加宽的特性。如此宽的增益谱可以使多个本征纵模获得增益而形成振荡,且由于空间烧孔等原因,激光二极管通常为多模运转。加入光栅外腔后,由于光栅的反馈和色散性质,某一满足光栅闪耀条件的衍射光反馈回激光二极管中,相当于降低了该波长范围内的损耗,如图 2.4.14(a)所示。因此,落在光栅衍射反馈频谱内的模式,包括激光二极管本征模[图 2.4.14(b)]和复合光栅外腔允许的纵模[图 2.4.14(c)],优先起振并抑制了其他模式的振荡,如图 2.4.14(d)所示。由于激光二极管的均匀加宽性质,图 2.4.14(d)中的各个模式互相竞争,最终靠近中心的纵模占优势而形成单模输出,如图 2.4.14(e)所示。

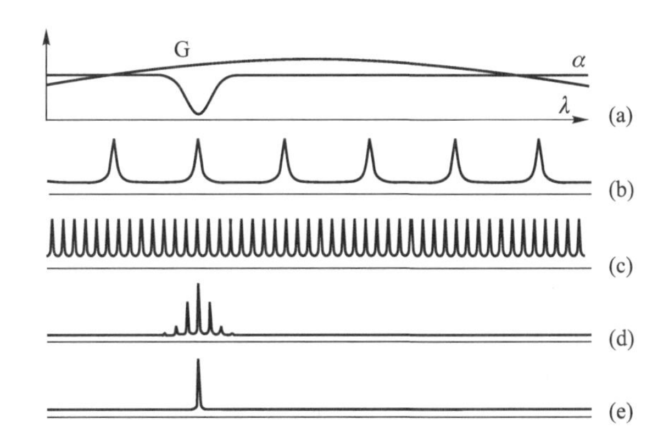

(a) 激光二极管的增益谱 G 和光栅反馈导致的相对损耗 α;(b) 激光二极管的本征模谱;

(c) 复合光栅外腔的模谱;(d、e) 实际输出的模谱

图 2.4.14 光栅外腔可调谐半导体激光器的选模原理

(4) 外腔压缩线宽

激光有较好的单色性,在光谱上呈现具有较小宽度的线状分布。一般将激光输出的谱线宽度称为激光线宽。由于半导体材料有较大的自发辐射概率,并且由解理面构成的谐振腔的反射率较低、谐振腔的损耗较大,因此若没有采用特殊措施,激光二极管的线宽一般比

较大。外腔的应用不仅能够选模，而且还可以压窄单模的线宽。

外腔反馈对激光线宽的压缩作用主要有以下两个机制：第一，在激光二极管外加上光反馈元件光栅、构成外部谐振腔后，可以使外腔半导体激光器的有效腔长增加几个数量级。腔长的增加使复合腔的纵模间隔变小[图 2.4.14(c)]。外腔的反射率远高于解理面，使纵模宽度变小(参考 F-P 干涉透过率公式)。这两个因素综合使得加入外腔反馈后半导体激光器的线宽被极大压缩。第二，由于光栅的色散作用，加入外腔反馈后，仅使某个特定波段波长的光反馈回激光二极管，相当于降低了该波段范围内的光腔损耗[图 2.4.14(a)]，使得该波段优先形成振荡并抑制其他波长的光增益，从而使激光线宽变窄。

(5) 外腔的波长调谐

在实际应用中，具有波长调谐功能的激光器有着更广阔的应用范围和更专业的应用场景。在激光的发展历程中，人们陆续发明了染料激光器、钛宝石固体激光器和半导体激光器等可调谐激光器。与其他可调谐激光器相比，半导体激光器系统体积更小、能耗更低、调谐更方便。

由于注入电流与温度对半导体激光器的波长都有影响，因此激光二极管本身的波长调谐的主要方法有电流调谐和温度调谐。这两种波长调谐的原理都是通过使材料的禁带宽度发生变化来实现激光器的波长调谐。由于前面关于电流调谐和温度调谐的特性已有详细论述，此处不再赘述。下面主要讨论外腔半导体激光器的机械调谐方法。

加入外腔反馈后，可以通过调节光反馈元件光栅来实现外腔半导体激光器的波长的机械调谐。为了使光栅外腔半导体激光器的外腔反馈占据主导地位，可以在激光二极管的输出端面镀上增透膜、另一端面上镀反射膜。这样就可以使激光器的内腔模式被压制，避免了在调谐过程中的模式跳变，使激光器的振荡模式主要由外腔决定。根据激光纵模频率公式(2.4.11)，谐振腔长度 L 与谐振波长 λ 有如下关系

$$q\lambda = 2nL \tag{2.4.23}$$

由此可知：连续调谐谐振腔长度 L，可使谐振波长 λ 连续变化。另外根据 Littrow 型光栅方程(2.4.21)式，连续调谐入射角 i(或衍射角 $\theta, i=\theta$)，亦可得到谐振波长 λ 的连续变化。综合(2.4.21)式和(2.4.23)式，可得连续无调模调谐条件

$$\frac{L}{\sin\theta} = \frac{qd}{n} = \text{常量} \tag{2.4.24}$$

这就要求，在平移(改变腔长)和转动光栅(改变入射角)时，光束照射在光栅上光斑的中心 O'点到腔左侧垂线与光栅平面延长线的交点 O 点之间的距离应维持不变，如图 2.4.15 所示。光栅的平移和转动可以通过在光栅的背面粘一块压电陶瓷(PZT)来进行精密调谐和利用螺纹顶丝来进行粗略调谐。在实际操作中，调谐光栅使其精确满足条件(2.4.24)是很难达到的。考虑到光栅转动的角度很小且光束照射到光栅表面任何区域都有相同的衍射效果，(2.4.24)式可以近似为光栅的偏轴转动，其半径应满足关系

$$R = \frac{L}{\sin\theta}\cos^2\theta \tag{2.4.25}$$

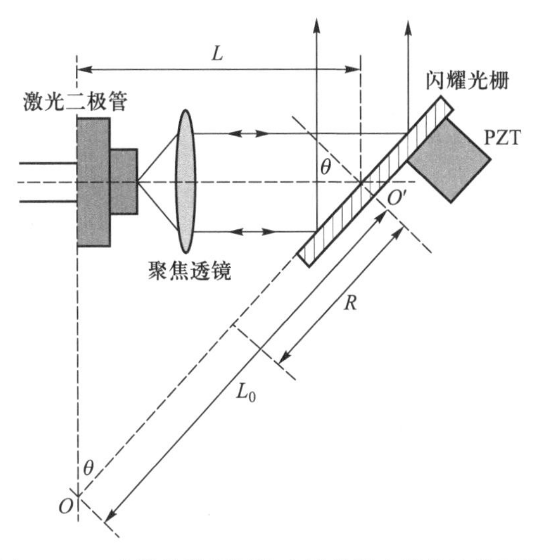

图 2.4.15 光栅外腔可调谐半导体激光器的波长调谐

三、实验装置

为了保证良好的稳定性，光栅外腔可调谐半导体激光器需要精密的电流控制、温度控制和扫描控制以及精确的机械调谐。典型的光栅外腔半导体激光器机械装置与电控系统的关系如图 2.4.16 所示。激光二极管和准直透镜安装在激光管固定架 A 上，闪耀光栅安装在光栅角度调节器 B 上，固定架 A 和调节器 B 安装在底座上。底座上粘贴有温度控制元件和温度探头。上述机械部件构成激光头，用防尘隔热罩与外部空间隔离，预留出光口和电缆接口。使用 BNC 连接电缆将激光头上的电缆接口与电源上的对应接口相连接，即可组装完成半导体激光器。由于篇幅所限，本实验不涉及电源电路的工作原理、设计与构成。

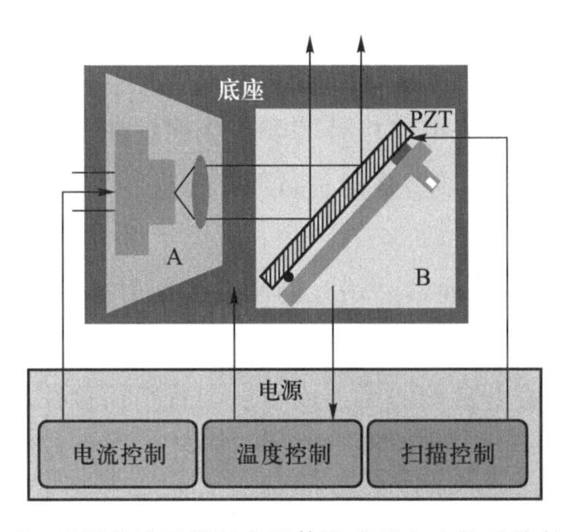

图 2.4.16 光栅外腔可调谐半导体激光器与电控系统的关系图

四、测试方法

实际使用中,激光频率(或波长)、线宽、功率、模式、发散角、光斑尺寸等与激光器和激光束有关的性能指标受到重点关注。为了方便下面实验研究的进行,本节对激光束常用测试方法的原理和典型仪器作介绍。

1. 功率和波形测量

连续激光的功率和脉冲激光的波形分布归根结底都是对激光的强度进行测量。典型而成熟的方法是:利用光电转换,将激光的强度转化为可以处理和显示的电信号。使用方法亦很简单,将光束正入射进探测器即可。鉴于光电探测器的种类繁多,涉及的工作原理有:光电效应、光电导效应、光伏效应和光热效应等。本实验主要使用光功率计和光电二极管进行光强的测量。

光功率计是利用光热效应测量光功率或光能量的一种仪器,通常它的探头是由热电堆构成。两种不同的金属或半导体材料的两端进行并联熔接,就构成了一个最简单的温差电偶。当光照射到两种不同材料的熔接点时,由于两个接头的温度不同,则两端产生电动势。多个温差电偶串联和并联起来就构成了热电堆。对探头输出的电压进行定标即可得到光功率值。

由于光热效应的波长选择性很小,因此光功率计具有很宽的频谱测量范围,且尤其在红外波段热吸收效率高。热敏功率探头不会饱和,受入射光束角度和位置的影响较小,适合用来测量具有高脉冲峰值功率或长脉冲的脉冲光源。但使用中需要注意的是光热效应器件的响应速度很慢、功率分辨率一般较低且易受环境温度变化的影响。为了克服这些缺点,人们发展出了利用光电二极管的光功率计探头。

光电二极管是一种常见而应用广泛的光电探测器,甚至只要提到光电探测器,人们首先想到的就是光电二极管。它是处于反置状态的半导体 pn 结,当光照射到 pn 结时,将引起 pn 结内载流子的增多,从而产生 pn 结反向电流的显著变化。利用这个电流的变化即可标度光强度的瞬时变化,适用于测量光强度和光强变化波形。光电二极管具有响应时间短、频率响应好、灵敏度高等优点。但由于光电二极管需要工作在反向击穿电压之下,因此光电二极管探测器存在饱和现象而不适合对某些强光进行测量和应用。

2. 频率和波长测量

光波的频率较高、波长较小,通常利用光的干涉或衍射原理进行精确的波长测量。通过实验室观察并测量激光干涉或衍射现象,如迈克耳孙干涉、法布里-珀罗干涉等,经计算即可得到光波长数值。然而,实验室自制的干涉或衍射装置往往存在着稳定性和重复性差、数据处理复杂、耗时较长的缺点。为了提高实验效率,使用商用波长计、单色仪、光谱仪、光谱分析仪等进行波长测量也是不错的选择。鉴于此类仪器进行测量的基本原理均为干涉或衍射,因此本实验不针对具体仪器的构造和数据处理进行阐述。需要强调的是,各类光谱仪器各自有其光谱分辨率和适用光谱范围,使用前,我们应选择适合的仪器并为其设置适合的参数。

3. 线宽和模式测量

激光的线宽和输出模式是激光器的重要指标。尽管通常的商用激光器会给出线宽和模式的标称值,在实际使用中,对激光线宽和模式的测量仍然是必要和有意义的。由于正常激光器的输出线宽很小,达 MHz 甚至 kHz 量级,因此普通的光谱仪器无法分辨频率差如此小的信号,须使用高分辨率的光谱仪器,如 F-P 扫描标准具或光谱分析仪。本实验采用通用性更强的 F-P 扫描标准具进行激光线宽和模式的测量。

(1) F-P 扫描标准具

在光学课程的学习中,我们了解到法布里-珀罗(F-P)干涉仪是典型的多光束干涉装置,其原理如图 2.4.17 所示。当使用扩展光源时,屏幕上观察到的是一套等倾的条纹。干涉仪的干涉条纹细锐,有很高的光谱分辨率,可以将靠得很近的两条光谱分开,由此可用作高分辨率的光谱分析器件。在实际的科学研究工作中,人们更多使用的是 F-P 扫描标准具,它是在 F-P 干涉仪的基础上稍作修改而得到的。

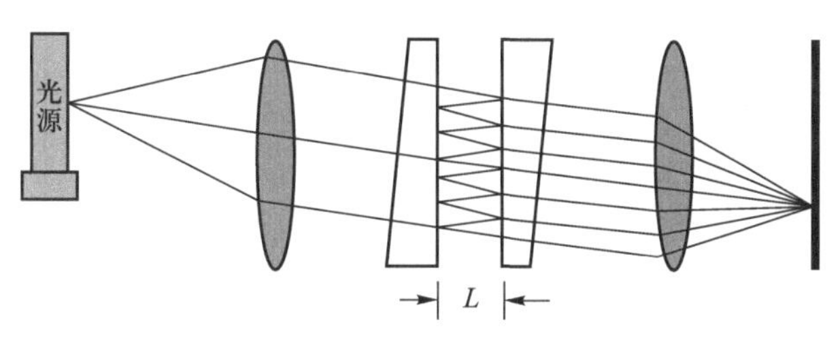

图 2.4.17 F-P 干涉仪

F-P 扫描标准具就是一个通过腔长不断变长变短来进行扫描的 F-P 干涉仪,如图 2.4.18 所示。将图 2.4.17 中的透镜移走,把扩展光源改为沿光轴入射的光束,出射处用一光电接收器接收出射信号,电信号接示波器显示。在一个全反镜的背面加上一个压电陶瓷,通过改变加在压电陶瓷上的电压来改变两反射镜之间的距离。使用中经常使控制电压在某一值附近不断扫描,以使两镜间的距离周期性变化,变化的幅度不超过入射光的波长。由驻波条件可知满足相长干涉的频率为

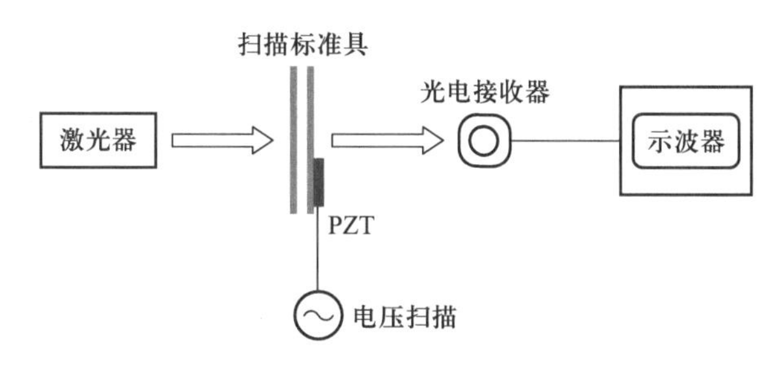

图 2.4.18 F-P 扫描标准具

$$\nu_q = \frac{qc}{2nL} \tag{2.4.26}$$

其中,q 为非负整数,n 为 F-P 两镜之间介质的折射率,一般 F-P 扫描标准具两镜之间的介

质为空气，$n=1$。随着 F-P 两镜之间距离 L 的增大，相长干涉频率 ν_q 逐渐减小，反之亦然。即随着 F-P 两镜间距的改变，第 q 个干涉峰将在频谱上发生移动。若移动的距离过大，与移动前相邻干涉峰所在的频率位置发生重叠，则使两者不可分辨。因此，我们将两个相邻干涉峰所对应的频率间隔称为自由光谱区，即

$$\nu_{\mathrm{FSR}} = \frac{c}{2nL} \tag{2.4.27}$$

F-P 干涉仪的性能在很大程度上取决于反射镜面的反射率（图 2.4.19）。低反射镜将产生较宽的透射峰，而高反射镜将产生较窄的透射峰。镜面反射率在干涉仪分辨透射光谱特征方面起着重要作用。具有相同反射系数 r 的反射镜精细度 F 为

$$F = \frac{\pi\sqrt{r}}{(1-r)} \tag{2.4.28}$$

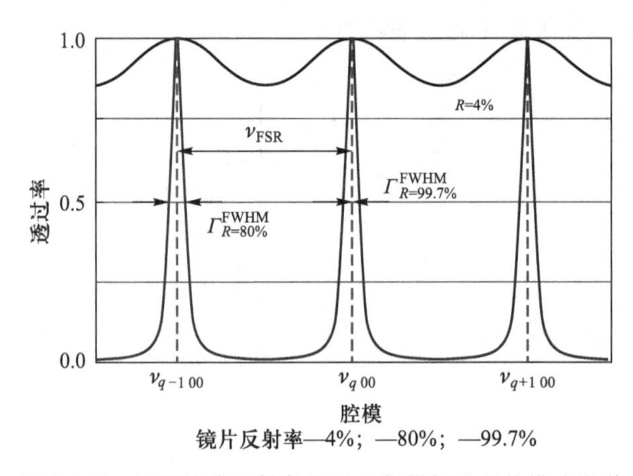

图 2.4.19　不同镜片反射率的 F-P 扫描标准具的模式光谱

透射峰的半高宽（模式宽度）Γ^{FWHM}可表示为

$$\Gamma^{\mathrm{FWHM}} = \frac{\nu_{\mathrm{FSR}}}{F} \tag{2.4.29}$$

（2）线宽和模式

将激光沿轴线射入 F-P 扫描标准具，开启控制电压进行扫描即可得到类似图 2.4.20 的模式光谱。若在自由光谱区内只有一个关于中心对称的透过峰，则激光为单模运转，其透过峰的半高宽为激光线宽或标准具的模式宽度。就激光线宽的测量而言，显然应选择模式宽度小于激光线宽的 F-P 扫描标准具进行测量。如果标准具的模式宽度大于激光线宽，则测量结果为标准具的模式宽度。若在自由光谱区内观察到的透过峰不是关于中心对称的单峰或者存在多个透过峰，则激光为多模运转。

（3）空间模式和横模

在与传播方向垂直的横向方向上，激光也存在着一系列本征的空间模式分布，称为横模。横模的强度分布即为激光的光斑。横模的本征频率为

$$\nu_{mnq} = \frac{c}{2nL}\left[q + \frac{1}{\pi}(m+n+1)\arccos\sqrt{g_1 g_2}\right] \tag{2.4.30}$$

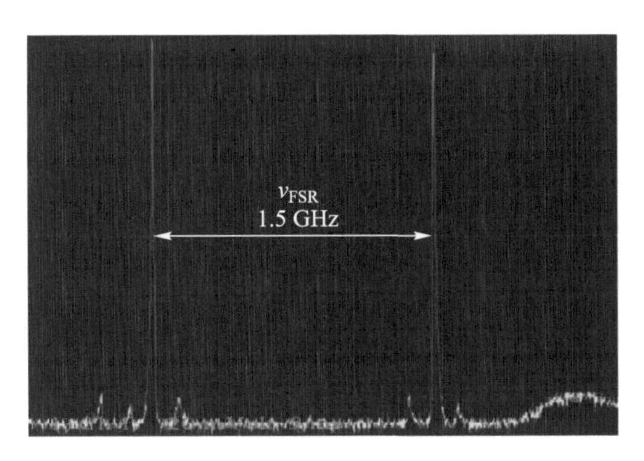

图 2.4.20 F-P 扫描标准具测量的某半导体激光器的模式光谱

其中,m,n,q 为非负整数,m,n 为横模模数,q 为纵模模数,g_1,g_2 为谐振腔 g 参数。几个低阶 TEM_{mn}模式的空间模式分布如图 2.4.21 所示。由(2.4.29)式可以看出,当 m,n,q 取不同的两组数值时,本征频率相等。即不同模式的频率相同,存在着模式简并。由于波长相同,这样的简并模式在使用扫描标准具进行测量时(见图 2.4.18 和图 2.4.20)很难区分开来。为了分辨各个简并模式,可用光屏或 CCD 接收扫描标准具的透射光,观察其干涉图样即可确定激光工作的横模分布。

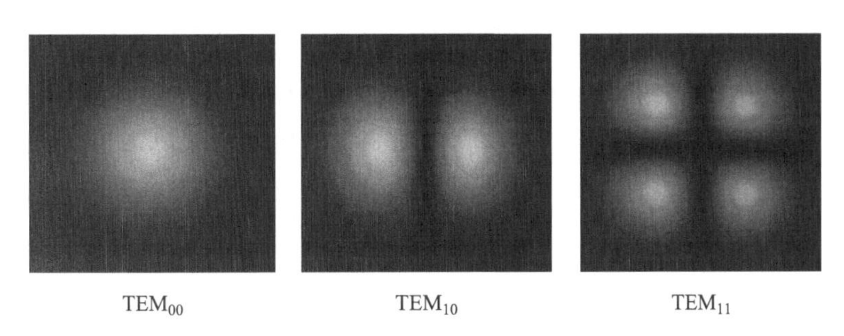

图 2.4.21 低阶 TEM_{mn}模式的空间模式分布

4. 光斑尺寸分布与发散角测量

激光的光斑光强分布和发散角是光束质量的两个重要指标。在条件允许的情况下,我们选用光束质量分析仪进行测量是比较方便快捷的。条件不具备时,我们可结合基本光学现象与特性,在实验室搭建测试装置,手动测量。

(1) 焦面法测量激光发散角

根据激光原理,激光束的远场发散角为

$$\theta=\frac{2\lambda}{\pi w_0} \tag{2.4.31}$$

式中 λ 为激光波长,w_0 为激光束(高斯光束)的束腰半径。由于束腰的尺寸较小且可能位于激光器谐振腔内,因此对于一个组装好的激光器往往无法测量,同时到离激光器无穷远处去测量又很困难。由于透镜焦平面上的像所对应的物在无穷远处,可以证明,焦平面上的光斑尺寸 w_f 为

$$w_f = \frac{1}{2}F\theta \tag{2.4.32}$$

式中 F 为透镜的焦距，由(2.4.31)式可知，只要能测定已知焦距为 F 的透镜焦平面上的光斑尺寸即可求得激光束的远场发散角。

(2) 光斑尺寸和光强分布

对于理想情况下的基模 TEM_{00} 光斑，其光强分布如图 2.4.21 所示，是一个理想的高斯圆斑。其中心横断面上的光强分布如图 2.4.22 所示，则可定义光强极值 的 $1/e^2$ 处为 x 方向的光斑尺寸。因此，只要测得光斑的光强分布，即可计算出光斑的尺寸大小。

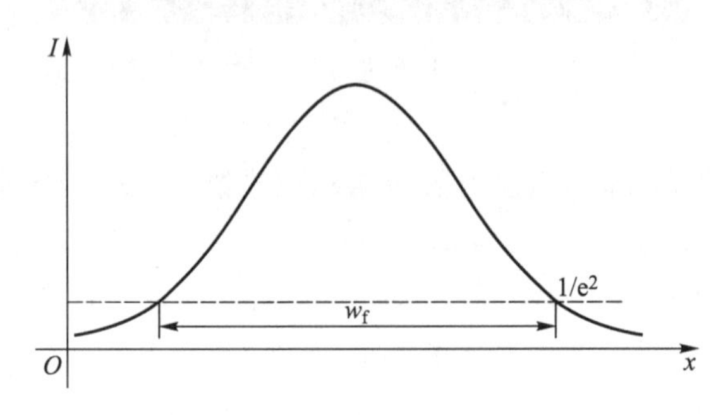

图 2.4.22 光强分布与光斑尺寸

根据测量精度的不同，光斑光强分布的测量有烧蚀法、扫描法等多种测量方法。烧蚀法是将激光束垂直照射到感光相纸上，烧蚀出一个光斑后用读数显微镜测量其轮廓尺寸即可。尽管烧蚀法简单易用，但由于轮廓分界线不清晰、强度对比度差，因此测量精度很低，不适合用于小尺寸光斑的测量。扫描法利用小孔或狭缝将一部分光透过并射入光电探测器，水平或垂直移动狭缝即可得到位置与光强之间的关系，即光强分布。由其方法原理可看出，扫描法适用于连续输出的激光且光斑尺寸不宜太小。

由于 CCD 的自扫描功能，照射到 CCD 表面各点的光强转换为电信号，生成光强分布的可见视频或图像。将 CCD 的图像数据输入计算机进行处理即可得到光强分布和光斑尺寸。CCD 像元的尺寸较小(一般可达微米量级)，扫描速度很快(可达每秒 30 帧以上)，因此可用于对脉冲激光和小尺寸光斑的测量。但需要注意的是，受到饱和光强的限制，CCD 不适合强光照射的情形，进入 CCD 的激光应经过衰减。

五、研究内容

1. 半导体激光的装调

参考光栅外腔半导体激光器结构装置图 2.4.16，用镊子将激光二极管小心放入激光管固定架并用螺纹圈固定，插牢供电插头，将插头电缆与电源(电流控制)接头相连接。缓慢增大激光二极管的驱动电流，直至目视可见激光二极管发光。调整准直透镜使激光尽可能平行出射。

安装光栅角度调节器，可暂时不调整光栅反馈，仅使零级衍射光射出激光头即可，将温控接头通过电缆与电源(温度控制)相连接,将压电陶瓷接头与电源(扫描控制)相连接。

参考图 2.4.23 搭建测试光路。

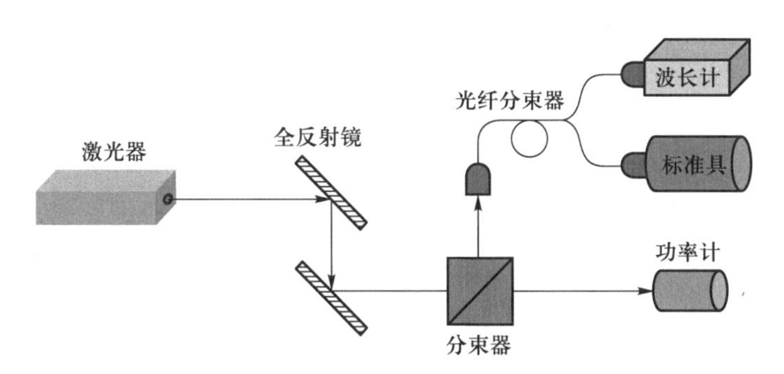

图 2.4.23 激光系统的测试光路示意图

2. 激光二极管的电流阈值和斜效率

打开激光电源的温控电路,设定激光二极管的工作温度。待温度稳定后,将激光头的出射光射入光功率计,从零开始缓慢增大激光二极管的驱动电流,同时记录光功率计示数,测量激光二极管的电流-功率曲线,绘图并计算激光二极管的电流阈值和斜效率;改变激光二极管的工作温度,选取几个温度点,重复测量电流-功率曲线,并比较异同,验证并拟合(2.4.9)式。

3. 激光二极管的电流和温度调谐特性

利用两个全反射镜,将激光头的出射光仔细接入波长计,调整光束角度使耦合最好、信号强度最大;设定激光二极管的工作温度;缓慢增大激光二极管的驱动电流,同时记录波长计示数,测量激光二极管的电流-波长曲线并绘图;理解激光二极管的电流调谐规律和跳模现象,改变激光二极管的工作温度,选取几个温度点,重复测量电流-波长曲线,并比较异同。

4. 二极管激光的输出线宽和模式

将激光头的出射光射入 F-P 扫描标准具,调整光束角度使耦合最好、信号强度最大;使用光电探测器接收标准具输出光,在示波器上观察激光模式并测量线宽,改变激光二极管的驱动电流和温度,观察激光模式的变化;使用 CCD 接收标准具的干涉图样,观察激光的横向模式分布;通过干涉图样分辨激光的基模和各个高阶模。

5. 外腔反馈的调整

查询激光二极管说明书,获知激光二极管的工作波长 λ。查询光栅参数,获知光栅常量 d;根据光栅方程(2.4.21),$2d\sin i=m\lambda$,m 取 1,计算得到光栅角度 i;粗略调整光栅角度,使其角度基本接近计算结果。

减弱激光二极管的驱动电流,使出射光斑强度接近目视极限;微调光栅的水平、垂直和方位角度,当一级衍射光反馈回到激光二极管中时,由于反馈的作用,会使出射光斑瞬间变亮;仔细调整光栅的各个角度,使出射光斑达到最亮,则此时光栅外腔的反馈已调好。

6. 外腔半导体激光器的性能

参考步骤 2、3、4 的操作流程,测量光栅外腔反馈半导体激光器的阈值、斜效率、电流调谐曲线和输出线宽,并与无外腔反馈时的结果相比较。

7. 光斑尺寸与发散角

将激光束经过多个偏振片、衰减片减弱光强后,用一个短焦透镜聚焦,在透镜焦平面上用 CCD 接收光斑图样,在计算机中选定光斑中心并测量横向和纵向的光斑尺寸,代入(2.4.31)式即可得到横向和纵向的光束发散角。

8. 半导体激光的无跳模调谐

在步骤 6 的基础上,选定合适的激光器工作电流和工作温度,打开手动扫描开关,转动扫描旋钮进行波长调谐,同时须监视激光的出射波长和模式。记录在无跳模的情况下,激光器输出的最大和最小波长/频率,获得无跳模调谐范围。

六、注意事项

1. 半导体激光二极管容易受到静电损坏,实验者在操作之前应确保仪器有效接地,在操作时应戴上地线手环。

2. 光栅为易损器件,实验者在调整光栅角度时注意不可碰触光栅表面。

3. 激光的强度高,请避免激光直射入眼睛造成损伤。

4. 波长计、标准具等测量仪器采用光纤接口。为避免损伤光纤,自由空间光耦合进光纤时应在较弱光强下进行。切勿直角弯折光纤,以免其断裂。

七、思考题

1. 外腔半导体激光器为何将一级衍射光反射回激光管?

2. 通过哪些方法可以调谐外腔半导体激光器的出射光波长?

3. 为何光栅外腔可以压窄半导体激光的线宽?

八、参考文献

单元三

凝聚态物理

单元三　数字资源

3.1 快离子导体的制备与导电性能研究

快离子导体也称为超离子导体或固体电解质,它区别于一般离子导体的最基本特征是:在一定的温度范围内,它具有与液体电解质可比拟的离子电导率,一般其离子电导率大于 10^{-4} S · cm^{-1},离子电导激活能小于 0.5 eV。从实用化的角度而言,快离子导体的离子电导率应不低于 0.01 S · cm^{-1},离子迁移数为 0.99。快离子导体和其他导体的不同之处在于它的电荷载体是离子,在电荷传递的同时会伴有物质的迁移;正是由于这种特点,使之具有诸多方面的用途,特别是在化学能源方面的应用已显示出突出的优势,如锂离子电池、燃料电池和钠硫电池等。

交流阻抗谱方法是一种以小振幅的正弦波电位为扰动信号的电测量方法。它是一个线性方法,即要求表示系统特性的微分方程是线性微分方程,表现物质电性质的伏安特性呈线性关系。交流阻抗谱方法测量固体电解质的离子电导率是指用正弦波交流阻抗法测量固体电解质和电极组成的电池的阻抗与微扰频率的关系,是交流法测量电导率的发展。对于固体电解质,用交流法测量电导率时,电阻数值往往会随频率改变,这是因为电解质本身不均匀性和电极部分的阻抗响应的影响,因此要对测量电池的阻抗随频率的变化作全面的分析。我们一般把不同频率下测量的阻抗(Z')和容抗(Z'')作复数平面图,利用等效电路分析所得的测量曲线,求出固体电解质和电极界面相应的参数。

一、实验目的

1. 掌握固体电解质材料的制备方法及其特性。
2. 掌握交流阻抗法测量阻抗的基本原理和测试方法。
3. 学会通过等效电路解析交流阻抗谱的方法。
4. 学会电化学工作站的使用与操作。

二、实验原理

电化学阻抗谱(Electrochemical Impedance Spectroscopy, EIS),在早期的电化学文献称为交流阻抗(A. C. Impedance)。阻抗测量原本是电学中研究线性电路网络频率响应特性的一种方法。电化学阻抗谱:给电化学系统施加一个频率不同的小振幅的交流电势波,测量交流电势与电流信号的比值(此比值即为系统的阻抗)随正弦波频率 ω 的变化,或者是阻抗的相位角 Φ 随 ω 的变化。其原理图如图 3.1.1 所示,进而分析电极过程动力学、双电层和扩散等,研究电极材料、固体电解质、导电高分子以及腐蚀防护等机理。

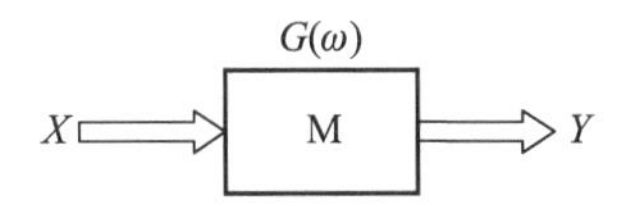

图 3.1.1 交流阻抗谱工作原理图

1. 交流阻抗谱的含义

将内部结构未知的电化学系统当作一个黑箱,输入给黑箱一个扰动函数(激励函数),黑箱就会输出一个响应信号。用来描述扰动与响应之间关系的函数,称为传输函数。传输函数是由系统的内部结构决定的,因此通过对传输函数的研究,就可以研究系统的性质,获得有关系统内部结构的信息。

如果系统的内部结构是线性的稳定结构,则输出信号就是扰动信号的线性函数。

$$Y = G(\omega)X$$

$$Y/X = G(\omega)$$

如果施加扰动信号 X 为角频率 ω 的正弦波电流信号,则输出响应信号 Y 即角频率也为 ω 的正弦电势信号,此时,传输函数 $G(\omega)$ 也是频率的函数,称为频率响应函数(频响函数),这个频响函数就称为系统 M 的阻抗(impedance),用 Z 表示。

如果施加扰动信号 X 为角频率 ω 的正弦波电势信号,则输出响应信号 Y 即角频率也为 ω 的正弦电流信号,此时,频响函数 $G(\omega)$ 就称为系统 M 的导纳(admittance),用 Y 表示。

阻抗和导纳统称为导抗(immittance),用 G 表示。阻抗和导纳互为倒数关系,$Z=1/Y$。

导抗是一个随角频率 ω 变化的矢量,通常用角频率 ω(或一般频率 f)的复变函数来表示,即

$$G(\omega) = G'(\omega) + jG''(\omega)$$

$$j = \sqrt{-1}$$

式中 G' 为导抗的实部,G'' 为导抗的虚部。

若 G 为阻抗,则有

$$Z = Z' + jZ''$$

式中 Z' 为阻抗的实部,Z'' 为阻抗的虚部。

阻抗 Z 的模值:$|Z| = Z'^2 + Z''^2$

阻抗的相位角为 ϕ,$\tan\phi = \dfrac{-Z''}{Z'}$

阻抗为矢量,在坐标系上表示一个矢量时,通常以实部为横轴,虚部为纵轴,如图 3.1.2 所示。从原点到某一点(Z',Z'')处的矢量长度即为阻抗 Z 的模值,角度 ϕ 为阻抗的相位角。

电化学阻抗技术就是测定不同频率 ω 的扰动信号 X 和响应信号 Y 的比值,得到不同频

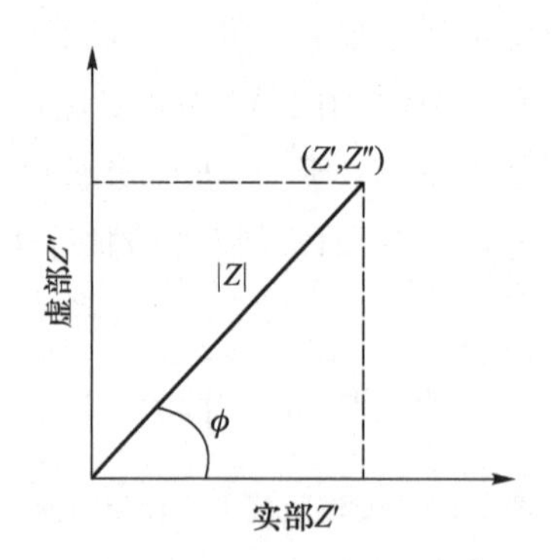

图 3.1.2 交流阻抗 Z 的复平面表示

率下阻抗的实部、虚部、模值和相位角，然后将这些量绘制成各种形式的曲线，就得到电化学阻抗谱，常用的电化学阻抗谱有两种：一种叫奈奎斯特图（Nyquist plot），另一种叫波特图（Bode plot）。

奈奎斯特图是以阻抗的实部为横轴，虚部的负数为纵轴，图中的每个点代表不同的频率，左侧的频率高，为高频区；右侧的频率低，为低频区。该图可以清晰地给出实部和虚部的数值，并可对体系进行定性分析。但它不能给出频率信息，所以通常要采用其他曲线来补充。

波特图包括两条曲线，它们的横坐标都是频率的对数，一个纵坐标是阻抗模值的对数，另一个纵坐标是阻抗的相位角，即 $\log |Z|$、相位角对频率作图（如图 3.1.3 的右图所示），图中同时表示了阻抗与频率、相移与频率的关系。

利用奈奎斯特图或者波特图就可以对电化学系统的阻抗进行分析，进而获得有用的电化学信息。

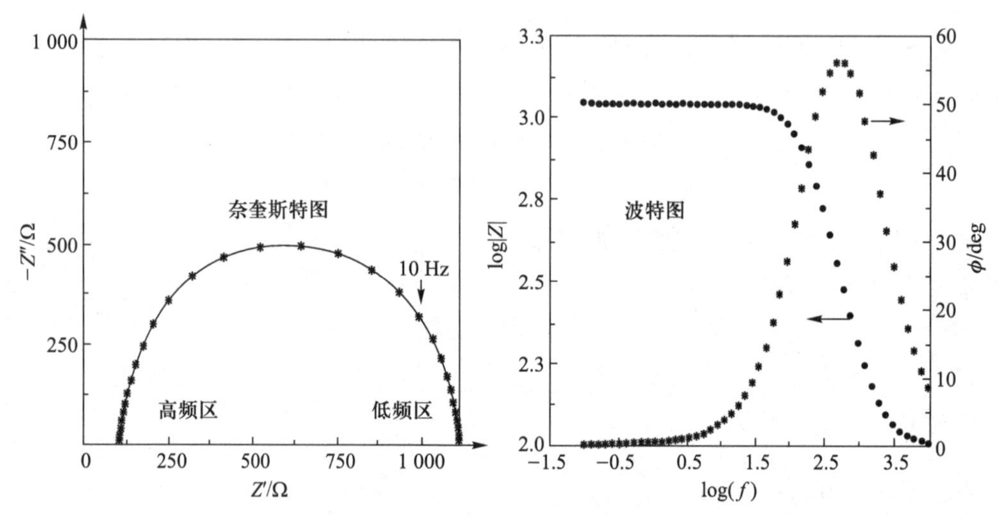

图 3.1.3 奈奎斯特图和波特图

2. **阻抗谱测量的前提条件**

一个电化学系统必须满足如下几个基本条件,才能保证测量的阻抗谱具有意义:

(1) 因果性条件:输出的响应信号只是由输入的扰动信号引起的。

(2) 线性条件:输出的响应信号与输入的扰动信号之间存在线性关系。

(3) 稳定性条件:扰动不会引起系统内部结构发生变化,当扰动停止后,体系能够恢复到原先的状态。

(4) 有限性条件:在整个频率范围内所测定的阻抗或导纳值是有限的。

3. **阻抗谱的特点**

阻抗谱法具有如下的特点:

(1) 由于采用小幅度的正弦电势信号对系统进行微扰,当在平衡电势附近测量时,电极上交替出现阳极和阴极,两者作用相反,因此,即使扰动信号长时间作用于电极,也不会导致极化现象的累积性发展和电极表面状态的累积性变化(对电极表面状态的破坏作用较小)。因此阻抗谱法是一种“准稳态方法”。

(2) 由于电势-电流间存在线性关系,测量过程中电极处于准稳态,使得测量结果的数学处理大大简化。

(3) 阻抗谱是一种频率域测量方法,可测定的频率范围很宽,因而相比常规方法,能得到更多的动力学信息和电极界面结构信息。

4. **简单电路的基本性质**

进行电化学阻抗谱测量时,我们把整个系统看作一个等效电路,给这个电路施加一个正弦波电势扰动信号,来测量电路的响应。电路是由若干个电阻、电容、电感等基本元件组成的,所以我们先讨论电路基本元件和简单电路对扰动电势信号的响应情况及其阻抗谱特征,为下一步讨论电化学系统的复杂的等效电路打下基础。

一个正弦电势可以表示为

$$e = E\sin \omega t$$

ω 是角频率,这个电势可以看作如图 3.1.4 所示的一个旋转矢量,矢量的长度就是幅值 E,当矢量旋转时,其投影即为一个正弦电势波。当将这个正弦电势信号作用到一个电路上,就会引起一个电流,这个电流也是一个矢量,同样以频率 ω 旋转,但是电流和电势往往不是同步的,于是两者之间存在一个相位角,如图 3.1.5 所示。下面利用这些物理概念来分析一些简单电路。

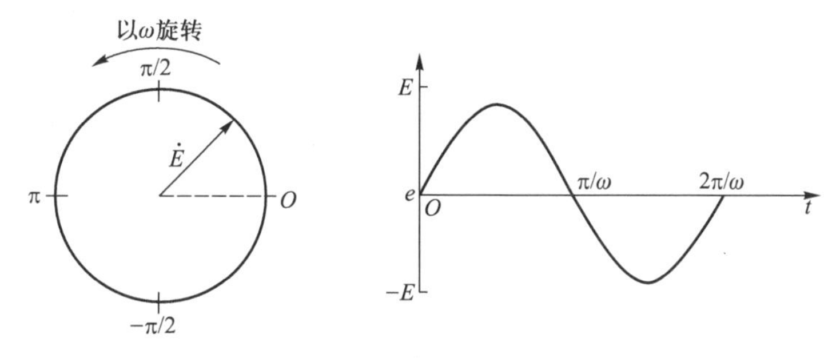

图 3.1.4 正弦电势的矢量图

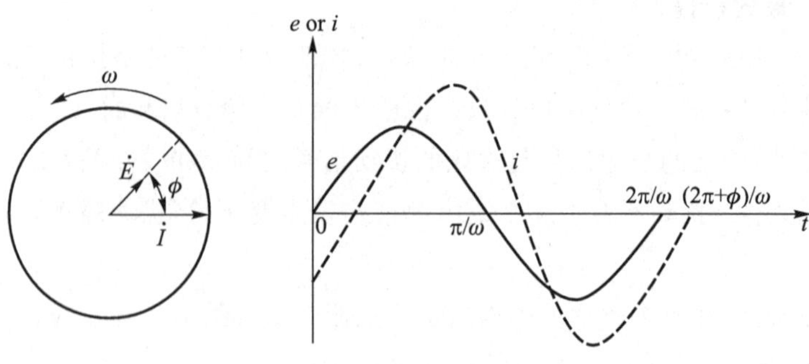

图 3.1.5 正弦电流的矢量图

正弦电势信号为

$$e = E\sin \omega t$$

式中 ω 为角频率。

正弦电流信号为

$$i = I\sin(\omega t + \phi)$$

式中 ϕ 为相位角。

(1) 电阻

欧姆定律:$e=iR, i=\dfrac{E}{R}\sin(\omega t)$

纯电阻时 $\phi = 0$

写成复数:$Z_C=R$

实部:$Z'_R=R$

虚部:$Z''_R=0$

奈奎斯特图上为横轴(实部)上的一个点,见图 3.1.6(a)。Z 为常量,与频率无关。

(2) 电容

$$i=C\frac{\mathrm{d}e}{\mathrm{d}t}$$

$$i=\omega CE\sin\left(\omega t+\frac{\pi}{2}\right)$$

$$i=\frac{E}{X_C}\sin\left(\omega t+\frac{\pi}{2}\right)$$

$X_C=\dfrac{1}{\omega C}$为电容的容抗(Ω),电容的相位角 $\phi=\pi/2$。

写成复数:$Z_C=-\mathrm{j}X_C=-\mathrm{j}\left(\dfrac{1}{\omega C}\right)$

实部:$Z'_C=0$

虚部:$Z''_C=-\dfrac{1}{\omega C}$

奈奎斯特图上为与纵轴(虚部)重合的一条直线,见图 3.1.6(b)。图中 ω 的箭头方向为频率增加方向,各点表示不同频率。

(3) 电阻 R_p 和电容 C_p 并联的电路

并联电路的阻抗的倒数是各并联元件阻抗倒数之和。

写成复数:$\frac{1}{Z}=\frac{1}{Z_R}+\frac{1}{Z_C}=\frac{1}{R_p}+j\omega C_p=\frac{R_p}{1+(\omega R_p C_p)^2}-j\frac{\omega R_p^2 C_p}{1+(\omega R_p C_p)^2}$

实部:$Z'=\frac{R_p}{1+(\omega R_p C_p)^2}$

虚部:$Z''=-\frac{\omega R_p^2 C_p}{1+(\omega R_p C_p)^2}$

消去 ω,整理得

$$\left(Z'-\frac{R_p}{2}\right)^2+Z''^2=\left(\frac{R_p}{2}\right)^2$$

这是圆心为 $(R_p/2,0)$,半径为 $R_p/2$ 的圆的方程,见图 3.1.6(c)。

奈奎斯特图上为半径为 $R_p/2$ 的半圆。半圆顶点频率 $\omega^*=\frac{1}{R_p C_p}$。

(4) 电阻 R_s 和电容 C_s 串联的电路

串联电路的阻抗是各串联元件阻抗之和。

写成复数:$Z=Z_R+Z_C=R_s-j\left(\frac{1}{\omega C_s}\right)$

实部:$Z'=R_s$

虚部:$Z''=-\frac{1}{\omega C_s}$

奈奎斯特图上为与横轴交于 R_s 且与纵轴平行的一条直线,见图 3.1.6(d)。

(5) 实际的等效电路常为各种电阻与电容的串、并联组合,如图 3.1.6(e)和(f)所示。

当系统的等效电路由电阻 R_p 和电容 C_p 并联后,再与电阻 R_s 串联,总的阻抗为两者之和,如图 3.1.6(e)所示。

等效电路的阻抗:$Z=R_s+\frac{1}{j\omega C_p+\frac{1}{R_p}}$

写成复数:$Z=R_s+\frac{R_p}{1+j\omega C_p}-j\frac{\omega C_p R_p^2}{1+\omega^2 C_p^2 R_p^2}$

实部:$Z_{Re}=R_s+\frac{R_p}{1+\omega^2 C_p^2 R_p^2}$

虚部:$Z_{Im}=\frac{\omega C_p R_p^2}{1+\omega^2 C_p^2 R_p^2}$

消去 ω,整理得:$\left(Z_{Re}-R_s-\frac{R_p}{2}\right)^2+Z_{Im}^2=\left(\frac{R_p}{2}\right)^2$

这是圆心为$\left(R_s+\frac{R_p}{2},0\right)$，半径为$\frac{R_p}{2}$圆的方程。

从奈奎斯特图上可以直接求出R_s和R_p。由半圆顶点的ω可求得C_p。

半圆的顶点最高处为

$$Z_{Re}=R_s+\frac{R_p}{1+\omega^2C_p^2R_p^2}=R_s+\frac{R_p}{2}$$

$\omega^*C_pR_p=1$，得到$C_p=\frac{1}{\omega^*R_p}$

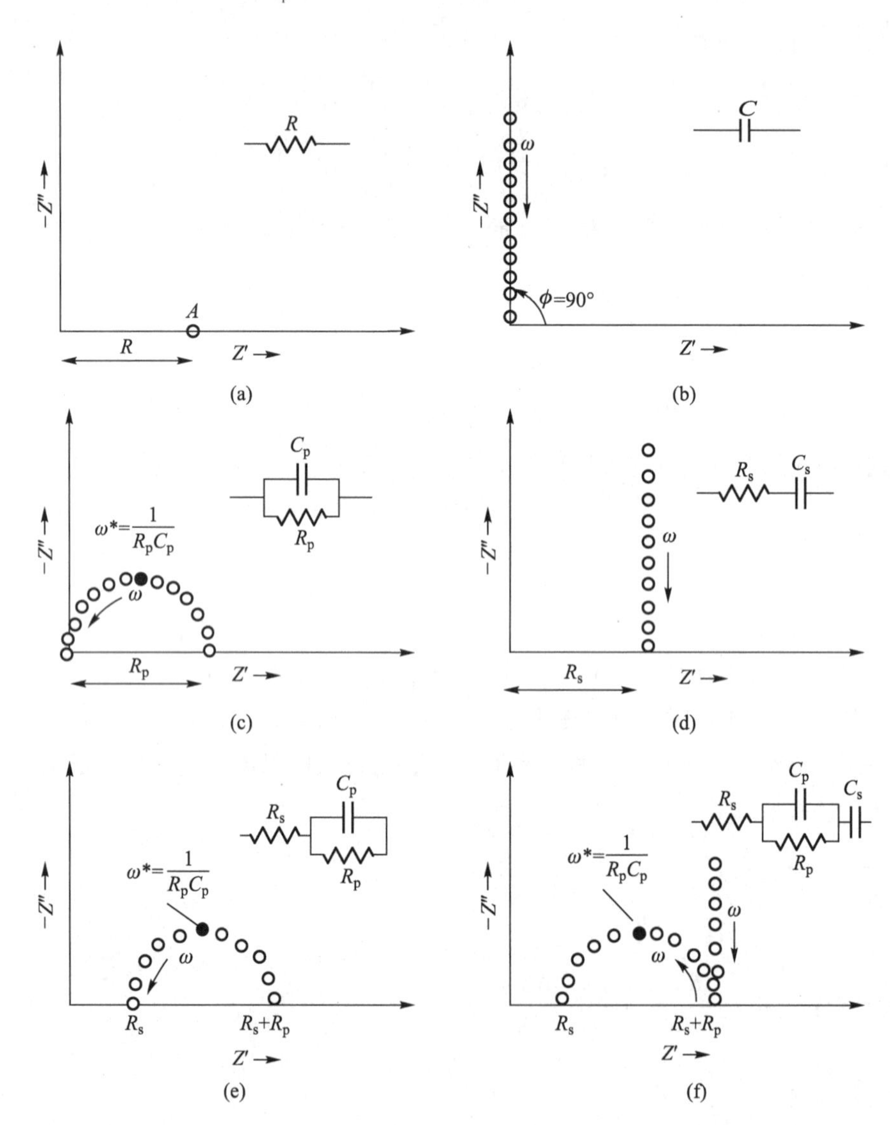

（a）纯电阻；（b）纯电容；（c）电阻R_p与电容C_p并联；（d）电阻R_s与电容C_s串联；

（e）和（f）两种电阻与电容串、并联组合

图 3.1.6 各种等效电路的阻抗谱

由表达式 $Z_{Re}=R_s+\dfrac{R_p}{1+\omega^2C_p^2R_p^2}$可以看出，当 $\omega\to\infty$ 时，$Z_{Re}\to R_s$；当 $\omega\to 0$ 时，$Z_{Re}\to R_s+R_p$，如图 3.1.6(e)所示。

当系统的等效电路由电阻 R_p 和电容 C_p 并联后，再与电阻 R_s 和电容 C_s 串联，总的阻抗为三者之和，如图 3.1.6(f)所示。

图 3.1.6(f)的等效电路的阻抗：$Z=\dfrac{R_s+R_p}{1+\omega^2R_p^2C_p^2}-\mathrm{j}\left[\dfrac{\omega C_pR_p^2}{1+\omega^2R_p^2C_p^2}+\dfrac{1}{\omega C_s}\right]$

同学们可以自己推导一下全过程。

实际的固体电解质半电池原理图如图 3.1.7(a)所示，右端为金属电极，它与固体电解质中间存在着电极双电层(dl)，晶粒之间存在着晶界(gb)，等效电路如图 3.1.7(b)所示。R_b表示晶粒本身的总电阻；R_{gb}和 C_{gb}分别表示晶界的总电阻和总电容；C_{dl}表示电极界面由于双电层引起的电容；R_{ct}表示电极界面与迁移步骤相对应的迁越电阻，是法拉第阻抗的一个组成部分，拟合的阻抗谱如图 3.1.7(c)所示。

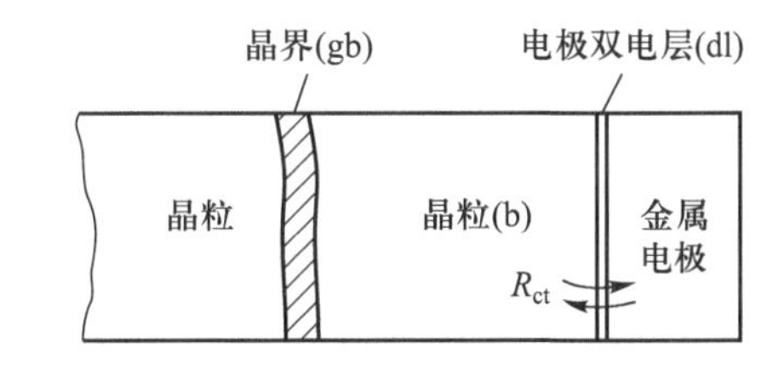

(a) 固体电解质半电池原理图

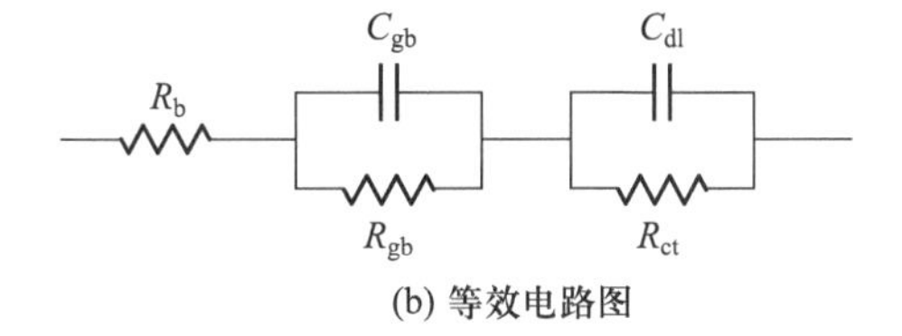

(b) 等效电路图

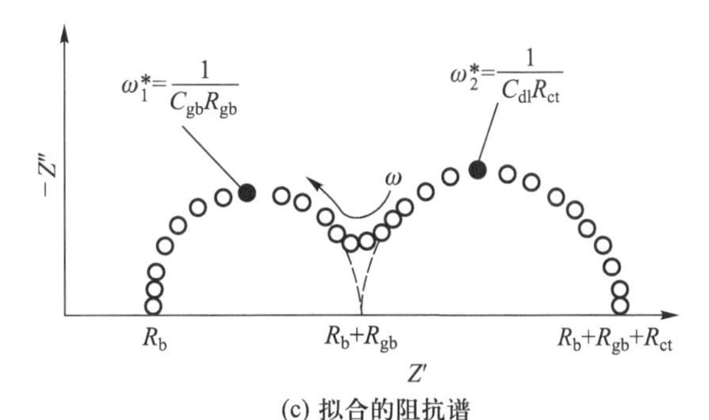

(c) 拟合的阻抗谱

图 3.1.7 固体电解质半电池

三、研究内容

1. 实验样品的制备

本实验所用电解质材料为 Sr 和 Mg 共掺杂的镓酸镧材料,其分子式为:$La_{0.9}Sr_{0.1}Ga_{0.8}Mg_{0.2}O_{2.85}$(LSGM)。LSGM 采用传统的固相法制备。实验原料为 Ga_2O_3(99.99%)、$SrCO_3$(99.99%)、La_2O_3(99.99%)和 MgO (99.99%)。

制备过程:首先将 La_2O_3和 MgO 置于炉内,在 900 ℃下煅烧 2 h 以去除其所吸附的水分和 CO_2;用电子天平称量所需计量的 Ga_2O_3、$SrCO_3$、La_2O_3和 MgO,将其放入玛瑙研钵中,加适量无水乙醇充分混合并研磨 2 h;将研磨的粉体放入模具中,压制成圆片,在空气气氛下以 1 000 ℃煅烧 20 h;将煅烧后的样品放入研钵中压碎,加适量无水乙醇研磨 2 h;将磨好的精细粉末压成圆片,在空气氛围下以 1 200 ℃煅烧 20 h;将煅烧后的样品压碎,再次在研钵中加酒精研磨 2 h,然后压成直径为 6 mm,厚度为 1 mm 的圆片,在 1 450 ℃下烧结 20 h,获得致密的 LSGM 电解质薄片。

2. 测试方法

测量固体电解质氧离子电导率的实验装置框图如图 3.1.8 所示。该装置由加热电炉、控温仪、阻抗分析仪(或电化学工作站)和计算机等部分组成。将样品放置于加热电炉中,对样品加热,温度由控温仪控制,实时数据由电化学工作站监测并通过计算机进行数据采集,由计算机测试软件完成对所得数据的处理。

样品:1 450 ℃烧结的 LSGM 电解质样品。

仪器:英国 Solartron SI-1260 阻抗分析仪。

测试条件:扫描频率为 0.1 Hz~3.1 MHz。空气气氛,温度范围为 300~800 ℃,交流幅值为 50 mV。

方法:两端法。

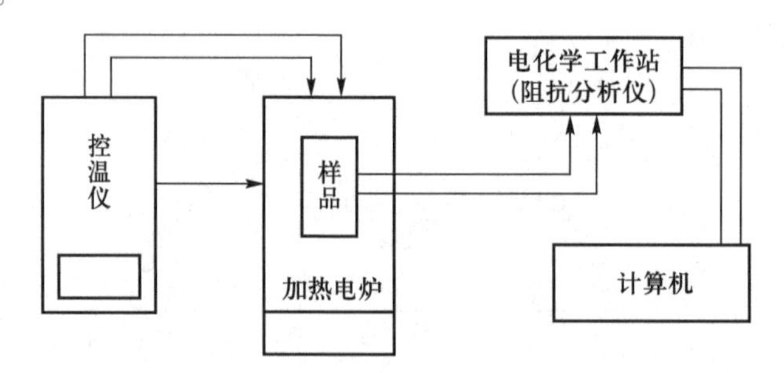

图 3.1.8 测量固体电解质氧离子电导率的实验装置框图

3. 内容与要求

样品在测试前,电解质样品两面用砂纸抛光、水洗、烘干,测量样品的厚度(高度)L 和截面积 S。将处理后的电解质样品的两面先涂以 Ag 电极,并将 Ag 导线黏附于样品上。将样品置于烘箱里,在 300 ℃下保温 30 min,待 Ag 电极烘干后,将其取出。将 Ag 导线连接于 Solartron

SI-1260阻抗分析仪的测量端口,电极连接方式如图3.1.9所示。测量LSGM电解质材料在300~800 ℃温度范围内的氧离子电导率,并绘制总电导率随温度的变化规律曲线和样品电导率的阿伦尼乌斯(Arrhenius)关系曲线,计算电导率活化能,分别计算出晶粒和晶界电导率,计算其电导率和活化能。样品在每个测试的温度点都要保温30 min,然后再进行测量,以保持数据的稳定性。

图3.1.9 交流阻抗谱测试示意图

多晶固体电解质的体积电阻不是一个简单的电阻器,它的测量阻抗包括晶粒电阻(R_g)、晶界电阻(R_{gb})和晶粒电容(C_g,一般可以略去)、晶界电容(C_{gb}),因此具有与测量频率有关的阻抗特性。我们考虑电解质与电极界面的阻抗时,还应加上电极的电阻和电容。测量固体电解质阻抗的等效电路如图3.1.10所示,其中R_i和C_i分别为电极界面电阻和电容,两者并联;R_g和C_g并联;R_{gb}和C_{gb}并联。这三部分再相互串联,这种等效电路的阻抗谱图是三个半圆的叠加。高频部分对应晶粒阻抗,中频部分对应晶界阻抗,低频部分对应电极界面阻抗。将晶粒和晶界相加得到电解质材料总电阻,通过公式$\sigma=\frac{1}{\rho}=\frac{L}{RS}$分别计算出样品总电导率、晶粒和晶界电导率。

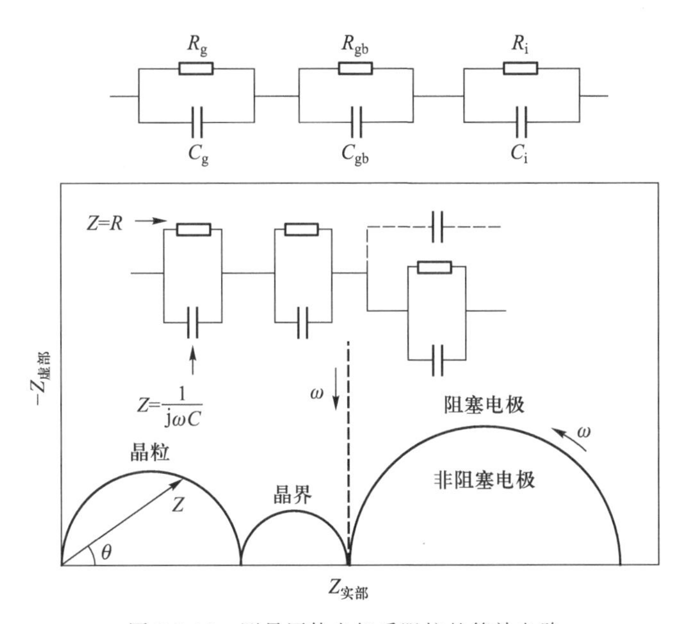

图3.1.10 测量固体电解质阻抗的等效电路

图3.1.11—图3.1.13给出了本研究性实验的参考例子。样品为三氧化钇稳定化二氧化锆($Zr_{0.84}Y_{0.16}O_{1.92}$)电解质,简称YSZ。

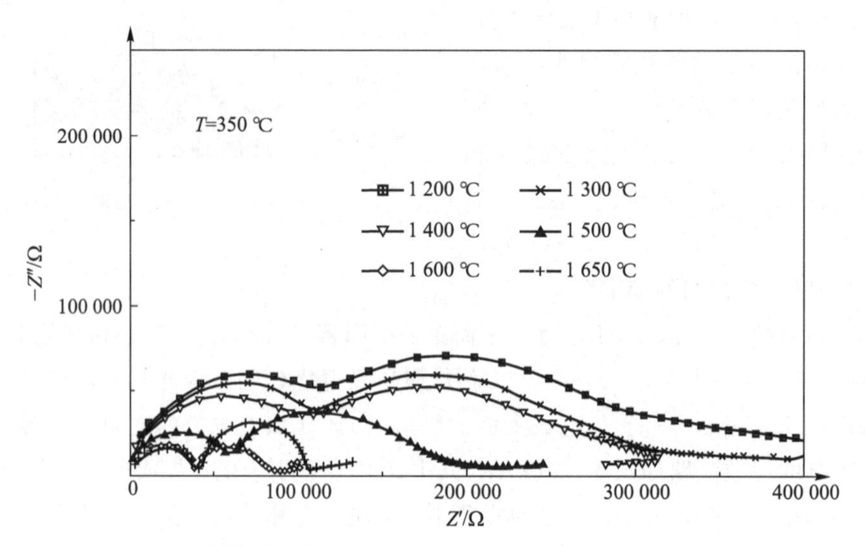

图 3.1.11 不同烧结温度下获得的 YSZ 电解质材料在 350 ℃时的阻抗谱

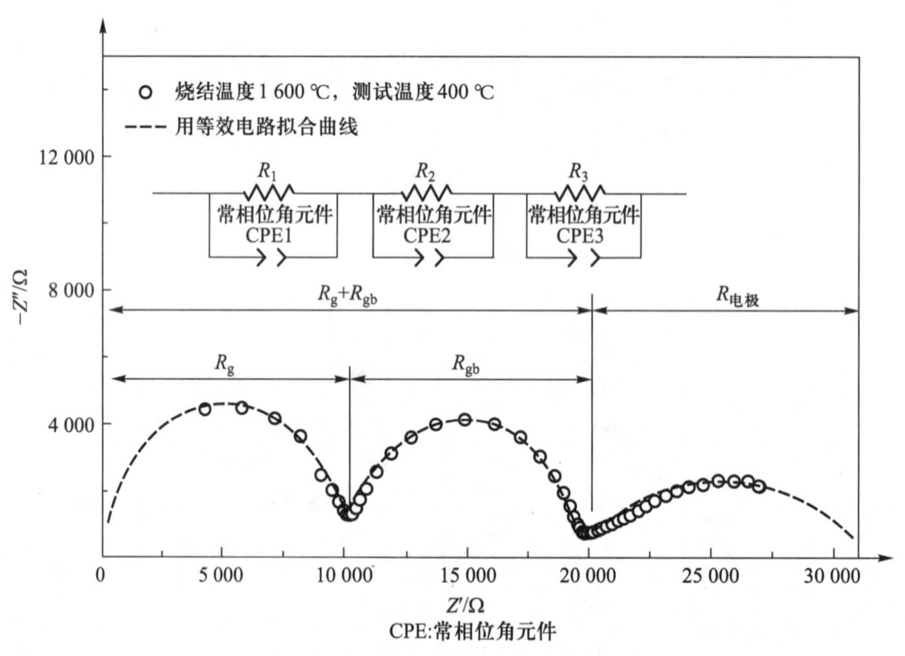

图 3.1.12 烧结温度为 1 600 ℃下获得的 YSZ 电解质材料在 400 ℃时的阻抗谱

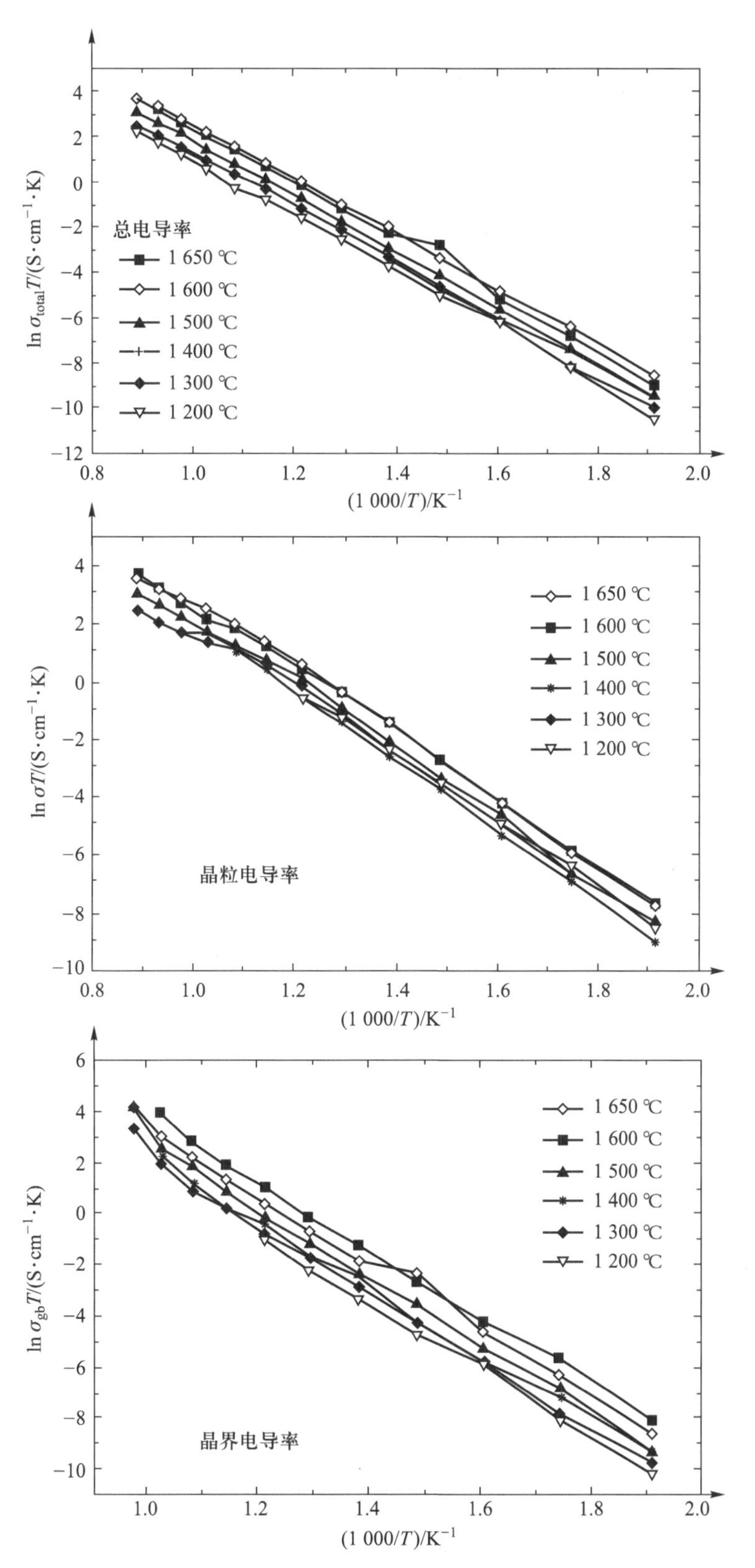

图 3.1.13 YSZ 电解质材料总电导率、晶粒电导率和晶界电导率的阿伦尼乌斯图

四、注意事项

在电炉工作和测试期间，请勿开启炉门，以免烫伤。

五、思考题

1. 简述阻抗谱的工作原理。
2. 简述等效电路的物理意义，即等效电路的建立以及各个元件代表的物理意义。
3. 分析影响电导率的因素有哪些?

六、参考文献

3.2 循环伏安法测定固体电极反应过程

循环伏安法(Cyclic Voltammetry,简称 CV)是电化学反应中对电位扫描研究的方法之一,是进行电化学和电分析化学研究的最基本和最常用的方法,1922 年由 Jaroslav Heyrovsky 创立的以滴汞电极作为工作电极的极谱分析法(Polarography),可以认为是伏安研究方法的早期形式。由于对电化学研究领域做出的杰出贡献,Heyrovsky 在 1959 年获得诺贝尔化学奖。随着固体电极、修饰电极的广泛使用和电子技术的发展,循环伏安法在测试范围和测试技术、数据采集和处理等方面有显著改善和提高,从而使电化学和电分析化学方法更普遍地应用于化学化工、生命科学、材料科学及环境和能源等领域。

循环伏安法具有实验简单,可得到的信息数据较多的特点。它可用来检测物质的氧化还原电位,考察电化学反应的可逆性和反应机理,判断产物的稳定性,研究活性物质的吸附和脱附现象,半定量分析反应速率等。

一、实验目的

1. 理解循环伏安法研究电极过程的基本原理及电极过程可逆性的判断方法。
2. 学习使用电化学综合分析仪,掌握循环伏安法的实验技能。
3. 测定固体电极在不同扫描速率时的循环伏安曲线。

二、实验原理

1. 循环伏安法的基本原理

根据研究体系的性质,选择电位扫描范围和扫描速率,从选定的起始电位开始扫描后,研究电极的电位按指定的方向和速率随时间线性变化,完成所确定的电位扫描范围到达终止电位后,会自动以同样的扫描速率返回到起始电位。在对电位进行扫描的同时,同步测量研究电极的电流响应,所获得的电流-电位曲线称为循环伏安曲线或循环伏安扫描图。通过对循环伏安曲线进行定性和定量分析,可以确定电极上进行的电极反应的热力学可逆程度、得失电子数、是否伴随耦合化学反应及动力学参数,从而拟定或推断电极上所进行的电化学过程的机理。

2. 循环伏安扫描图

循环伏安法研究体系是由工作电极、参比电极、辅助电极构成的三电极系统,用工作电极和参比电极组成的回路测量电位,用工作电极和辅助电极组成的回路测量电流。工作电极可选用固态或液态电极,如:铂、金、玻璃、石墨电极或悬汞、汞膜电极。常用的参比电极有:饱和甘汞电极、银-氯化银电极,因此,循环伏安曲线中的电位值都是相对于参比电极而言的。辅助电极可选用固态的惰性电极,如:铂丝或铂片电极、玻碳电极等。循环伏安测定方法是:将电化学综合分析仪与研究体系连接,选定电位扫描范围 $E_1 \sim E_2$ 和扫描速率 v,从起始电位 E_1 开始扫描,电位按选定的扫描速率以线性变化从 E_1 到达 E_2,然后连续反方向再扫描从 E_2 回到 E_1。如图 3.2.1 所示,电位随时间的变化呈现的是等腰三角波信号。

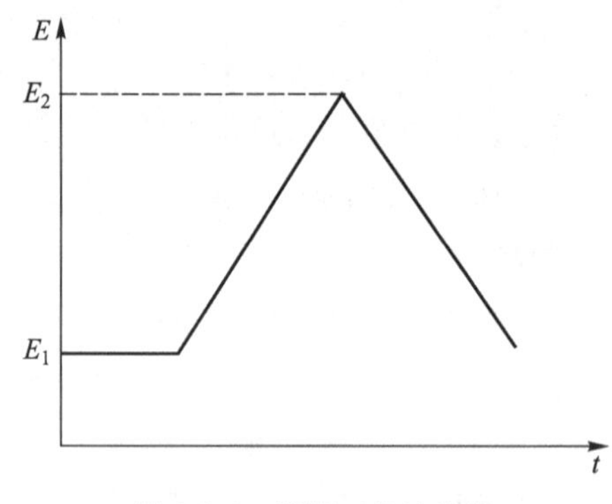

图 3.2.1 等腰三角波信号

在扫描电位范围内,若在某一电位值时,电流峰出现,说明此电位发生了电极反应。若在正向扫描时,电极反应的产物是足够稳定的,且能在电极表面发生电极反应,那么在反向扫描时将出现与正向电流峰相对应的逆向电流峰。典型的循环伏安曲线如图 3.2.2 所示,i_{pc} 和 i_{pa} 分别表示阴极峰电流和阳极峰电流,对应的阴极峰电位与阳极峰电位分别为 E_{pc} 和 E_{pa}。

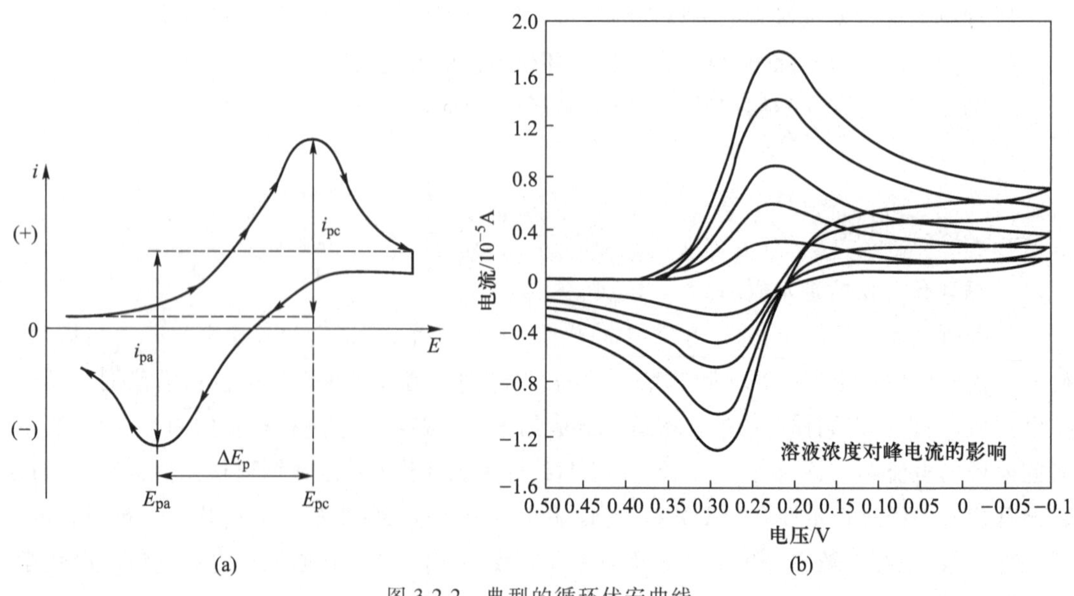

图 3.2.2 典型的循环伏安曲线

(下角 p 表示峰值, a 表示阳极,c 表示阴极)

正向扫描对应阴极过程,发生还原反应:$O+ne^- \rightarrow R$, 得到上半部分的还原波;反向扫描对应阳极过程,发生氧化反应:$R-ne^- \rightarrow O$,得到下半部分的氧化波。在实验测定过程中发现,循环伏安曲线不仅与测量的氧化还原体系有关,还与工作电极、电解液中的溶剂及支持电解质密切相关。对于同一氧化还原体系,不同的电极、不同的溶剂或不同的支持电解质,得到的循环伏安响应也会不一样。因此,我们必须通过实验选择合适的工作电极和溶剂及支持电解质,才能测得理想的循环伏安曲线。

3. 判断电极过程的可逆性

用电化学综合分析仪进行循环伏安测量时,在测出循环伏安曲线的同时,通过数据采集和处理系统可以直接读取的有:阳极峰电位 E_{pa}和阳极峰电流 i_{pa};阴极峰电位 E_{pc}和阴极峰电流 i_{pc}。判断电极反应的可逆程度常用的方法是:计算阳极峰电位 E_{pa}与阴极峰电位 E_{pc}的差值 ΔE_p,比较阳极峰电流 i_{pa}和阴极峰电流 i_{pc}数值的相对大小。根据能斯特(Nernst)方程,当 ΔE_p 的数值接近 $2.3RT/(nF)$,且 i_{pa}与 i_{pc}的数值相等或接近时,电极反应是可逆过程(R 为摩尔气体常量,取 8.3143 $J \cdot K^{-1} \cdot mol^{-1}$,$T$ 为热力学温度,单位为 K,F 为法拉第常量,约为 96 500 C,n 为电极反应中得失的电子数)。但是,ΔE_p 与电位扫描范围、扫描时换向电位等实验条件有关,其值会在一定范围波动。当实验测定温度为 298 K,由能斯特方程计算得出的 $\Delta E_p(mV)=59/n$,如果从循环伏安曲线得出 $\Delta E_p(mV)$的值在$(55\sim65)/n$ 范围,即可认为电极反应是可逆过程。可逆电对在电极反应中传递的电子数由两个峰电位的差决定

$$\Delta E_p(mV)=E_{pa}-E_{pc}\approx 56.5/n\text{(}n\text{ 为电极反应转移的电子数)}$$

第一个循环正向扫描可逆体系的峰电流可由 Randles-Sevcik 方程表示:

$$i_p = 2.69A\times 10^5 n^{\frac{3}{2}} D^{\frac{1}{2}} v^{\frac{1}{2}} c$$

式中,i_p 为峰电流,单位为 A;n 为转移电子数;D 为扩散系数,单位为 $cm^2 \cdot s^{-1}$;A 为电极面积,单位为 cm^2;v 为扫描速率,单位为 $V \cdot s^{-1}$;c 为浓度;电位差的单位为 mV。

因此,i_p 随 $v^{\frac{1}{2}}$的增加而增加,并和浓度成正比。对于简单的可逆(快反应)电对,i_{pa}和 i_{pc}的值很接近,即:$i_{pa}/i_{pc}\approx 1$。

可逆电极过程的循环伏安曲线如图 3.2.3(A 曲线)所示。对于不同扫描速率时测定的循环伏安曲线,可逆电流峰电位 E_p 与扫描速率 v 无关,阴、阳极峰电流的值正比于扫描速率的平方根,电流函数 $i_p/v^{\frac{1}{2}}$与扫描速率 v 呈线性关系。对于部分可逆(半可逆或准可逆)电极过程来说,$\Delta E_p(mV)>59/n$,数值越大,不可逆程度越高;ΔE_p 随扫描速率的加快而增大;阴、阳极峰电流的值仍正比于扫描速率的平方根,但有可能产生差异,即 i_{pc}/i_{pa}的值可能等于 1,大于 1 或者小于 1;电流函数 $i_p/v^{\frac{1}{2}}$与扫描速率 v 呈线性关系。准可逆电极过程的循环伏安曲线如图 3.2.3(B 曲线)所示。不可逆电极过程的循环伏安曲线如图 3.2.3(C 曲线)所示,反向电压扫描时不出现阳极峰,电流函数 $i_p/v^{\frac{1}{2}}$与扫描速率 v 呈线性关系。

循环伏安法也是研究电极过程机理的基础,可用于判断电极过程是否属于电化学-化学耦合过程,即在电极反应过程中,是否包含或伴随耦合化学反应。在不同扫描速率 v 时测定

的循环伏安曲线，其电流函数 $i_p/v^{\frac{1}{2}}$ 与扫描速率 v 呈非线性关系。

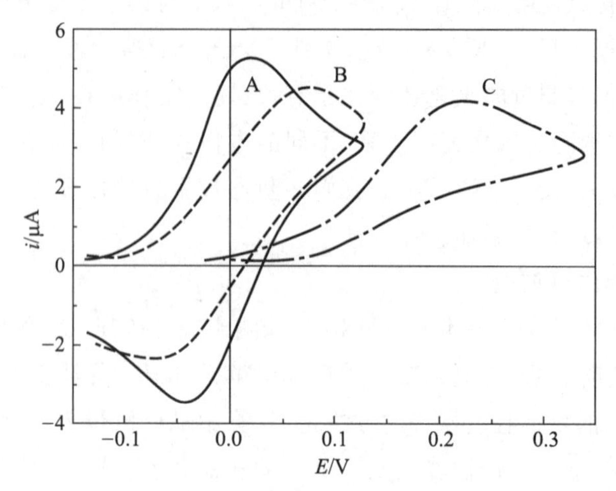

图 3.2.3 可逆电极过程（A 曲线），准可逆电极过程（B 曲线）和不可逆电极过程（C 曲线）的循环伏安曲线

循环伏安法是在工作电极上施加一个对称的三角波扫描电压，记录工作电极上电流随电位的变化曲线，即循环伏安曲线。我们可以从伏安图的波形、氧化还原电流的数值及其比值、峰电位等判断电极反应机理。

三、实验装置

仪器：CHI 电化学综合分析仪，铂圆盘工作电极，铂丝对电极，饱和甘汞参比电极或 Ag/AgCl 参比电极，JB-型电磁搅拌器，计算机。

实验装置如图 3.2.4 所示。

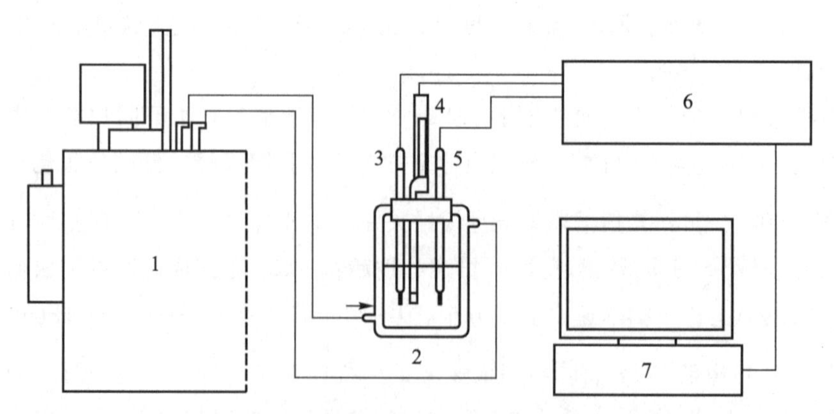

1：恒温槽；2：双层三口瓶；3：研究电极；4：参比电极；5：辅助电极；6：CHI 电化学综合分析仪；7：计算机

图 3.2.4 实验装置示意图

四、研究内容

1. 电极制备

用水热法等制备固体电极，得到一个光洁、新鲜的电极表面。

2. 仪器准备

依次将工作电极、参比电极和铂丝对电极用绿色夹子、白色夹子和红色夹子与电化学工作站连接（注意不要接错）；开启计算机；然后开启电化学系统电源，启动电化学程序，按表3.2.1输入实验参数。

表 3.2.1 实验参数

初始电位/V	0.5	分段	2
最高电位/V	0.5	采样间隔/V	0.001
最低电位/V	-0.1	静止时间/s	2
扫描速率/(V/s)	0.06	灵敏度/(A/V)	2^{-5}

3. 组成循环伏安测定系统：将 0.4 mol/L 的 KNO_3 溶液作为支持电解质，与电化学综合分析仪接通：固体电极作为工作电极与绿色夹子相连，铂丝对电极作为辅助电极与红色夹子相连，饱和甘汞电极作为参比电极与白色夹子相连。

4. 作为工作电极反复使用多次后，继续进行循环伏安扫描时，不出现峰电流或峰电流很小，原因可能是在电极表面有沉积物或电极发生钝化，需对电极进行处理。处理方法是：将三电极用去离子水冲洗干净，在 0.5~1.0 mol/L 的 H_2SO_4 溶液中，进行循环电位扫描，调节到较大的电位范围：0.2~1.5 V，观察到电极上有较多气泡出现。处理后的电极系统，一定要冲洗干净，才能放入研究体系。

5. 循环伏安曲线测定：利用数据处理软件记录所选定的测试条件，并读取峰电位和峰电流的数值，将实验结果图存入 Word 文档。改变扫描速率，测定扫描速率 v 分别为 50，100，200，250，300，400，500，600，700，800(mV/s)时的循环伏安曲线，记录在不同扫描速率时的峰电位和峰电流的数值。

6. 数据处理

(1) 打印扫描速率 v=50 mV/s 时的实验结果图，内容包括：循环伏安曲线、扫描参数、数据处理结果。

(2) 将不同扫描速率时的循环伏安曲线测定的阴极、阳极峰电位和峰电流列表记录，计算 ΔE_p 和电流函数，并进行叠加比较。根据表 3.2.2 所得数据分别以阳极峰电流 i_{pa} 和阴极峰电流 i_{pc} 对 $v^{\frac{1}{2}}$ 作图，说明电流和扫描速率间的关系，并求出对应的线性方程。

表 3.2.2 电流和扫描速率

扫描速率/($V \cdot s^{-1}$)	$v^{\frac{1}{2}}$	i_{pc}	i_{pa}	i_{pc}/i_{pa}	E_{pc}	E_{pa}	ΔE_p
0.01							
0.03							
0.06							
0.10							
0.20							
		i_{pc}/i_{pa}平均值			ΔE_p平均值		

(3) 根据 ΔE_p 的数值,判断电极过程的可逆程度。讨论扫描速率是否会影响此类电极过程的 E_p 及 ΔE_p。

(4) 计算表中不同扫描速率时的电流函数,以电流函数对扫描速率作图,分别讨论电极上进行的氧化-还原过程是否伴随有耦合化学反应。

(5) 将不同的电位下第一次循环伏安曲线叠加在一张图中,根据不同扫描速率下阳极反应的第一次循环伏安曲线,得到镍在酸性溶液中不同 v 下的氧化反应。

(6) 从阴极弱极性极化曲线($\eta < 50$ mV)的斜率,求出交换电流 i_0,将数据转入 Origin 软件,绘制塔菲尔(TAFEL)曲线,由截距和斜率求出 i_0 和 α。

(7) 使用计算机进行数据处理,给出线性相关程度。

五、思考题

1. 理解电极反应过程的可逆性,解释和研究电极的循环伏安曲线的形状。

2. 循环伏安法中不同扫描速度下峰电位与反应的可逆性有何关系?

3. 用循环伏安法研究不同的电极过程时,如何选择和确定合适的扫描速率?扫描速率的影响与电极反应得失电子的难易程度的联系如何?

4. 电位扫描的范围,对测定结果有何影响?是否电位扫描的范围越大,测定结果越好?

5. 讨论循环伏安曲线中峰电流 i_p 的影响因素。

六、注意事项

(1) 工作电极表面必须仔细清洗,否则严重影响循环伏安曲线的图形。

(2) 每次扫描之削,为使电极表面恢复初始状态,应将电极提起后再放入溶液中;或将溶液搅拌,等溶液静止 1~2 min 后再扫描。

七、参考文献

3.3 纳米材料制备与物理特性研究

纳米材料是指其组成粒子的三维空间尺度至少有一维处于纳米量级(1~100 nm)的材料,如纳米点、纳米线、纳米薄膜等。与通常的大块宏观材料不同,纳米材料展现出许多新奇的物理性质和潜在的实用价值。

量子尺寸效应

大块晶体中,电子能级准连续分布,形成能带。金属晶体中电子未填满整个导带,电子可以在导带各能级中自由运动,因而表现为良好的导电及导热性。纳米材料中,电子相当于被限制在一个无限深的势阱中,电子能级由准连续转变为分立的束缚态。当能级间距大于热能、静电能、静磁能、光子能量或超导态的凝聚能时,纳米微粒的热、电、磁、光以及超导电性与宏观物体有显著的不同。例如粒径小于 20 nm 的 Ag 颗粒在 1 K 的温度下变成了绝缘体,这是由于其能级间距变大,热扰动不足以使电子克服能隙而移动。

小尺寸效应

纳米材料界面按比例增加,界面上的原子排列混乱、易于迁移,在外力的作用下容易变形,材料柔韧性和延展性提高。界面处界面能较高,纳米材料融化需要的能量比大块材料小得多,熔点显著降低。常规 Ag 晶体的熔点为 960 ℃,而 5~100 nm 的 Ag 颗粒的熔点可低于 100 ℃,因此在固相反应中,超细粉末可降低烧结温度。进入纳米尺度后,金属都呈现黑色,因此纳米颗粒可增强对光的吸收,提高光热、光电转换效率。大块的纯铁的矫顽力一般为几个 Oe,20 nm 的铁颗粒的矫顽力可增加一千倍,能作为磁记录材料。进一步减小颗粒尺寸,矫顽力又降低,颗粒呈现出超顺磁性,可用于制备磁性液体。

表面效应

随着尺寸的减小,纳米粒子表面能及表面张力也随着增加。表面缺少相邻的原子,有许多悬挂键,使纳米粒子呈现很高的化学活性,暴露在空气中,它容易氧化或燃烧,甚至爆炸。表面能的增加也使纳米颗粒之间出现团聚现象。

3.3.1 直流电弧法制备纳米粒子与物理特性研究

一、实验目的

1. 掌握直流电弧法制备纳米材料的方法。
2. 学习对材料的电、磁、光等物理性质测量的方法。

二、实验原理

实验装置如图 3.3.1.1 所示。

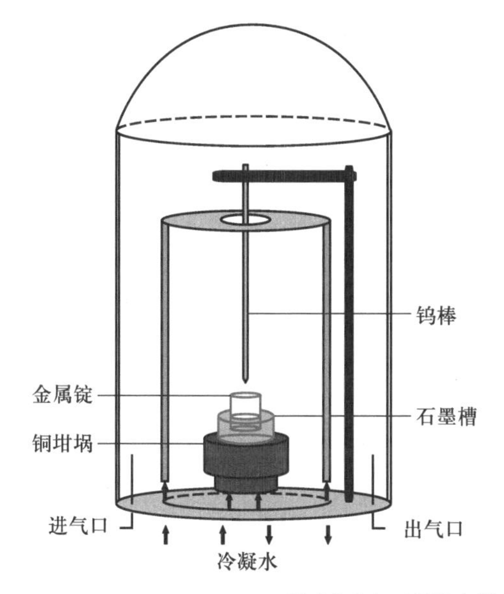

图 3.3.1.1 直流电弧等离子体放电实验装置

电弧能产生 $3\times10^3\sim5\times10^4$ K 的高温，可使材料熔化蒸发。蒸气冷却后即可获得纳米颗粒。电弧法具有温度梯度大、能量集中、气氛可控和便于急冷等特点，可制备金属、金属氧化物、氮化物及复合纳米粉末，制备出的纳米粒子纯度高、均匀性好、分散性好、结构较完整。吉林大学在直流电弧法制备纳米材料的过程中积累了丰富的经验，目前已经成功制备出多种形貌、尺寸和维度的Ⅲ－Ⅴ族氮化物以及硅化物纳米材料。

稀磁半导体（Dilute Magnetic Semiconductors，DMSs）是在非磁性半导体（如Ⅱ－Ⅵ族或Ⅲ－Ⅴ族）中，用具有较大磁矩的过渡族或稀土金属元素部分、无序取代其中的阳离子，利用载流子控制技术产生磁性的一种半导体材料。在稀磁半导体中，载流子和局域磁矩之间强烈的交换作用，改变了能带结构和载流子的行为，出现了许多新现象，如巨法拉第效应、巨塞曼分裂、反常霍尔效应以及磁致绝缘体-金属转变等,为新型功能器件的制造以及新技术的发展提供了条件。本实验采用直流电弧法制备稀磁半导体纳米材料并研究其物理性质。

三、典型实验方法

以 Al 粉与稀土金属粉末混合为初始原料压制成直径为 6 mm,高为 2 mm 的圆形锭。N_2(纯度为 99.99%)作为反应气体。制备设备为卧式直流电弧等离子体制备系统。将反应原料置于水冷石墨锅中充当阳极,阴极采用直径为 5 mm 的钨杆(纯度为 99.99%)。反应过程中电压约为 20 V,电流为 100 A。

首先用真空机械泵将反应室抽至小于 3 Pa, 然后通入 60 kPa 的氩气(纯度为 99.99%)洗气,随后重复两次以上过程,以除去反应室内残留的杂质气体和吸附在反应室壁上的水蒸气。洗气结束后通入反应气体,压强在 5 kPa~40 kPa。在反应过程中,利用步进电机调整阴阳两极之间的距离,电压的范围在 15~25 V,反应时间在 5~20 min。反应结束后,用真空机械泵将反应室内的残余气体及粉尘抽走,再次充入 40 kPa 的氩气来对样品进行钝化,钝化时间为 0.5 小时。钝化结束后,打开反应室,收集样品并真空密封保存以供分析测试。

用紫外线观察制备样品发光颜色,测量光致发光光谱,确定稀土元素是否已成功掺杂到氮化铝(AlN)中,并确定稀土掺杂的价态;用振动样品磁强计测量磁滞回线,研究稀土掺杂与磁性能的关系。

四、研究内容

1. 稀土掺杂的氮化铝基稀磁半导体纳米材料的制备。
2. 稀土掺杂的氮化铝基稀磁半导体纳米材料的发光特性测试。
3. 稀土掺杂的氮化铝基稀磁半导体纳米材料的磁性测试。
4. 选择一种新型半导体材料,结合其性质,设计一个采用直流电弧法制备纳米材料的实验(选做)。

五、注意事项

1. 直流电弧放电过程中,保持冷却水打开,避免温度过高损坏仪器。
2. 实验结束后,及时清理仪器,防止污染。
3. 由于实验中是用纳米粉末制备,所以要避免用手直接接触到粉末,如果不小心接触到粉末,要及时用酒精棉擦拭,并用水冲洗干净。

六、思考题

1. 探讨氮化铝基稀磁半导体室温下,产生铁磁性的原因。
2. 简述直流电弧法制备纳米材料的优缺点。
3. 简述稀土掺杂光致发光的原理。
4. 探讨掺杂浓度对稀磁半导体磁性的影响。

七、参考文献

附录1 纳米激光粒度分布仪的使用

BT-90 纳米激光粒度分布仪是基于动态光散射原理测量粒度分布的一种针对纳米颗粒测量的新型粒度仪。样品在微量样品池中均匀分散,激光照射到样品后,由于纳米颗粒形成的布朗运动而产生光散射能量的波动,然后通过光子计数器进行光子计数,再通过相关器进行自相关运算得出样品的光子自相关曲线,用专门的粒度测试软件依据动态光散射原理对相关曲线进行处理,就可以得到该样品的粒度分布。

测试样品准备

配制悬浮液

我们先将样品与介质混合配制成均匀的、分散的、易于输送的悬浮液。对介质的一般要求是不使样品发生溶解、膨胀、絮凝、团聚等物理变化;不与样品发生化学反应;对样品的表面应具有良好的润湿作用;透明纯净无杂质。最常用的有蒸馏水和乙醇,加入焦磷酸钠、六偏磷酸钠等分散剂,加入量为介质重量的千分之二至千分之五。

光子数:表征颗粒的浓度和散射光强度,常用的范围是 20~40。

超声波分散时间:不同种类和不同粒度的样品所需要的分散时间(表 3.3.1.1)。

表 3.3.1.1 不同样品的超声波分散时间

粒度 D50/μm	滑石、高岭土、石墨	碳酸钙、锆英砂等	铝粉等金属粉	其他
>20	1~2 min	1~2 min	1~2 min	1~2 min
10~20	3~5 min	2~3 min	2~3 min	2~3 min
5~10	5~8 min	2~3 min	2~3 min	2~3 min

续表

粒度 D50/μm	滑石、高岭土、石墨	碳酸钙、锆英砂等	铝粉等金属粉	其他
2~5	8~12 min	3~5 min	3~5 min	3~8 min
1~2	12~15 min	5~7 min	5~7 min	8~12 min
<1	15~20 min	7~10 min	7~10 min	12~15 min

将分散过的悬浮液充分搅拌均匀后取少量滴在显微镜载物片上，观察有无颗粒黏结现象。样品池中先放入 3/4 纯净的介质，待样品分散完毕后用滴管从烧杯中取出样品滴进样品池，晃动样品池使样品均匀悬浮在介质中，然后将样品池放入仪器中，再测量窗口观察光子数。通常要求光子数的最佳范围是 20~40，如不符合要求可以通过增加或稀释样品来解决，还可以通过测量窗口中的“设置”按钮来调整激光器的强度来做适量调整。

附录 2 振动样品磁强计

振动样品磁强计（VSM）最早出现在 1956 年，60 年代由于锁相放大技术的使用，使得它的测量灵敏度大大提高。随着电子技术和计算机的飞速发展，振动样品磁强计的性能不断提高，在科研和生产中的应用也越来越广泛，成为最常用的磁性测量仪器。

在进行微小振动磁性样品附近放置一对或一对以上线圈，线圈中的磁通量会发生周期性变化而产生感应电动势。保持振动幅度和频率不变，感应电动势与样品磁矩成正比。定标后，通过测量感应电动势就实现了对磁矩的测量。振动样品磁强计也是基于电磁感应定律，但感应信号未经积分就与被测磁矩成正比，从而避免了积分过程中的信号漂移。此外信号频率单一固定，有利于在测量过程中使用锁相放大技术，从而获得相当高的磁矩测量灵敏度。改变磁场，就可以测量样品的磁矩-磁场关系曲线，经计算可得到样品的磁滞回线 $M(H)$。正确使用振动样品磁强计需要了解以下几个概念并能够对仪器进行正确调节。

（1）标定。采用实验的方法对磁矩进行标定，即通过测量磁矩已知的样品的感应电压，确定感应电压和磁矩的比例关系。定标过程中标样的具体参数（磁矩、体积、形状和位置等）越接近待测样品的情况，测量越准确。

（2）退磁因子修正。振动样品磁强计测量是开路方法，磁化的样品表面存在磁荷，表面磁荷在样品内产生退磁场 $H_d = NM$，N 为退磁因子，由样品的具体形状决定。在样品内，总的磁场是外磁场和退磁场的叠加。所以曲线要进行退磁因子修正，即把 H 由 $H-NM$ 代替。退磁因子选择是否准确会给实验的准确度带来较大影响，一般将样品制备成球形，N 为 1/3。

（3）鞍区。测量线圈的中心称为鞍区。鞍区中样品的信号在磁场方向是极大值，其他两个方向是极小值，样品的信号随着位置的变化为零，是对位置最不敏感的区域。测量时，样品应放置在鞍区内，这样可以使由样品具有非零体积或样品位置不重复而引起的误差减到最小。

3.3.2 量子点的制备与光学特性研究

量子点一般是指晶体尺寸在量子限域范围内的无机半导体纳米晶。由于量子限域效应，量子点通常具有尺寸相关不连续的量子化能级结构。一般来说，量子点具有光学与光电两个方面的性质。以目前量子点领域的研究发展状况来说，物理方法制备的量子点通常较适合光电性能方面的开发与应用，而化学溶液方法制备的胶体量子点可以兼顾光学性质与光电性质两个方面，尤以光学性质更为突出。量子点普遍具有宽带吸收、窄带发射且发射峰位连续可调等优异的发光性质。此外，量子点无机单晶的结构特点使其热力学和光化学稳定性也十分优异。作为新一代发光和光电材料，量子点有望在显示、照明、激光、单光子源、生物医学成像等众多领域产生颠覆性的应用。

量子点材料种类繁多，其中最具有代表性的是Ⅱ－Ⅵ族半导体量子点与Ⅲ－Ⅴ族半导体量子点。典型的Ⅱ－Ⅵ族半导体量子点主要包括硫化镉（CdS）、硒化镉（CdSe）、碲化镉（CdTe）、硫化锌（ZnS）、硒化锌（ZnSe）等，Ⅲ－Ⅴ族半导体量子点主要包括磷化铟（InP）、砷化铟（InAs）、氮化镓（GaN）等。在这些为数众多的量子点材料中，硒化镉（CdSe）量子点是人们研究最为广泛与深入的代表性材料。本部分将以 CdSe 量子点的高温溶液相化学合成为例来介绍胶体量子点的合成方法。

有别于其他量子点，胶体量子点在结构上由纳米晶内核与晶体表面的有机配体两个部分组成。这一结构特征意味着在胶体量子点中激子的最佳特性需要通过晶体内部和表面结构的协同调控来实现。在胶体量子点的合成过程中，通过高温热注射方法合成量子点为控制纳米晶体的内部结晶度提供了可能。表面有机配体的存在让胶体量子点具备了溶液加工性，这一点对量子点非常重要，正是由于这一性质使得胶体量子点的性能可以相对容易地被设计和改进。有机配体不仅是稳定无机纳米晶体的必要条件，而且结合在晶体表面的配体可以改变表面电子态，从而显著影响激子的行为。因此，有机配体在胶体量子点中是不可忽视的重要构成部分，将胶体量子点视为一个无机和有机的复合物更为合理。与其他制备方法相比，溶液相化学合成方法更为可控，获得的产品也更加易于溶液加工。近年来随着胶体量子点的溶液相合成方法学的不断发展，已经逐渐把其发光性能提升至接近理论极限。掌握这一合成方法无论是对于量子点材料本身光学性质与光电性质探索和研究，还是对于其进一步的实际应用都有着十分重要的价值和意义。

一、实验目的

1. 学习 CdSe 量子点的高温热注射合成方法，熟悉复杂合成实验装置的搭建与无水无氧操作。

2. 掌握 CdSe 量子点合成过程中的监测与分析表征方法。

二、实验原理

当晶体尺寸逐步减小到相应半导体激子玻尔半径时，电子、空穴的波函数将受到纳米晶几何边界的限制，这就是量子限域效应。光激发产生的电子和空穴对不是固定在某个原子周围，而是在空间上是离域的。电子从量子点的占据轨道（价带）激发到未占据轨道（导带）通常会在导带中产生一个热电子，在价带中产生一个热空穴。热电子（空穴）弛豫到纳米晶体的最低未占据轨道（最高占据轨道）形成带边激子。被激后的热电子和空穴对通常称为“热激子”。热载流子和带边激子可以被相应的陷阱捕获。如果陷阱态处于适当的能量位置并且可以在足够长的时间内捕获载流子，则被捕获的载流子可能会反向转移以再生激子并导致非本征衰变通道量子点回到基态。虽然比热载流子更稳定，但激子仍然是亚稳态的，它有几种方法可以回到基态，即辐射衰变、非辐射衰变和陷阱俘获。显然，基态是唯一的稳态，包括热载流子、带边激子和陷阱态在内的所有其他状态都是瞬态。

20 世纪 80 年代初，Brus 等采用有效质量近似模型，给出了半导体纳米晶中激子受量子限域效应导致的吸收带隙定量表达式。

$$E(R)=E_g+\frac{\hbar^2\pi^2}{2R^2}\left(\frac{1}{m_e}+\frac{1}{m_h}\right)-\frac{1.8e^2}{\varepsilon R}$$

其中 $E(R)$ 为半导体纳米晶的吸收带隙，R 为球形近似下粒子的半径，E_g 为所对应的体相材料的本征禁带带隙，$\hbar$ 约化为普朗克常量，m_e 和 m_h 分别为电子和空穴的有效质量，e 为元电荷，ε 为半导体材料的介电常量。上式的最后一项，是激子的结合能，第二项包括了电子和空穴由于量子限域效应带来的电子与空穴的基态动能。

按照量子力学的基本原理，电子和空穴的激发态动能并不是连续的。因此，量子点对不同波长光的吸收并不只是表现为吸收能隙随尺寸减小而变大，而且会表现出不同的吸收峰。由于带边发射源于基态激子的辐射复合，带边发射也叫作激子荧光。量子点的吸收光谱与荧光光谱和尺寸密切相关。于是，吸收光谱与荧光光谱可以用来表征一个样品的尺寸分布。量子点的尺寸分布越单一，激子吸收峰就会越明显、出现的峰数量越多。相应地，其荧光发射峰也会越窄。如上述所示，Brus 给出的激子吸收能隙公式是在球形近似下得到的。如果纳米晶明显地偏离了球形，上述公式需要对三个几何维度分别考虑。也就是说，半导体纳米晶的形貌对于吸收光谱和荧光会有明显的影响。在几何形貌明显偏离球形的情况下，半导体纳米晶不再能够称为量子点。Brus 公式的局限性不仅仅源于其球形近似，该公式完全忽略了表面、晶型、单晶性、配体等的影响。

溶液中的胶体量子点系统是由内部晶体、晶体无机表面、有机配体以及溶液四部分组成的。在量子限域效应范围内，激子在整个粒子内（包括表面）离域，任何一个结构因素发生变化都有可能导致激子态发生变化。通常，胶体量子点的典型基态特性包括尺寸、形状、尺寸与形状分布以及内部晶体结构，有时还包括有机配体的数量与类型。尽管这些因素为控制激子行为提供了必要的基础，但这些因素并不直接决定激子的性质。

有机配体不仅使量子点的生长和团聚变得可控，防止其被氧化，减少表面缺陷，控制量子点的尺寸分布,而且使量子点具有可溶性。可溶性使得量子点的后续处理修饰表面和应用变得更为简单,而且使得量子点同时具备了溶液性和晶体性。由于表面效应的存在,量子点无机表面的阴离子和阳离子的配位情况与晶体内部不可能完全相同。表面原子的配位往往是不饱和的,因此形成了很多诸如表面悬挂键的表面缺陷。另外,即使考虑表面有机配体的配位,表面原子的配位环境仍然与晶体内部不同。因此,量子点的无机表面一定存在大量电子和空穴缺陷。缺陷态的存在会降低量子点的荧光量子产率、影响荧光寿命等光学性质。对于常见 Ⅱ-Ⅵ族化合物半导体量子点,无机表面由构成晶格的阳离子和阴离子组成。表面捕获电子的缺陷来自表面未饱和配位的阳离子,而表面捕获空穴的缺陷则来自表面未配位的阴离子。对于化合物半导体量子点,表面阴阳离子的化学计量比的控制是得到光学性质优异的量子点的关键。

胶体量子点中激子行为的合成控制需要密切监测激子对合成条件变化的响应。通常用于监测量子点合成的光谱技术包括吸收光谱、光致发光光谱和光致发光激发光谱。吸收光谱与激子的产生有关。光致发光光谱与光致发光量子产率相结合,可以用来表征激子辐射衰减的某些方面。光致发光激发光谱记录了光致发光强度与激发波长的关系。如果样品的光致发光激发光谱与其吸收光谱非常相似,则可以得出结论,热载流子衰减与激发波长无关。如果光致发光光谱上各波长的光致发光激发光谱相互重合,则表明样品由一批具有相同光致发光的纳米晶组成。胶体量子点样品的光致发光的单分散性可以通过光致发光峰宽进一步测量,理想情况下,它应该与单量子点光致发光的峰宽相同。量子点的对称性、尺寸、形状和其他晶格因素可能会极大地改变具有给定组成的量子点的电子结构。高质量 CdSe 量子点的吸收光谱通常具有多个锐利的吸收特征峰(图 3.3.2.1)。锐利的吸收特征峰不仅是窄尺寸分布的结果,而且与高温下形成的量子点的高结晶度有关。

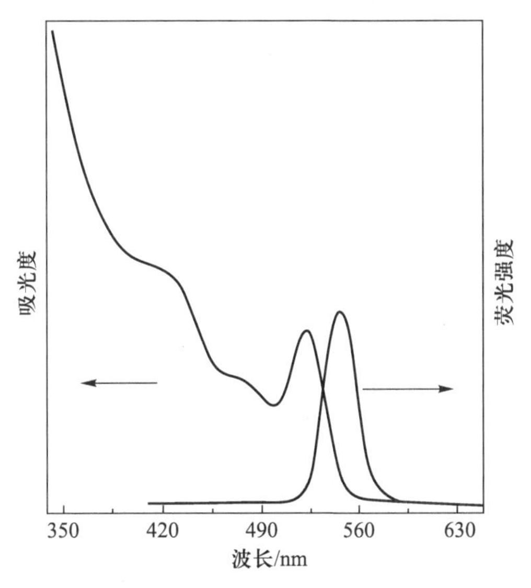

图 3.3.2.1 CdSe 量子点的吸收光谱与荧光光谱

因此,我们可以应用吸收光谱来监测合成过程,同时吸收光谱的时间演化也被广泛用于跟踪量子点的形成过程。对于具有良好控制的尺寸形状分布和内部晶体结构的量子点，它们的激发特性主要取决于纳米晶体的表面完美程度。近年来随着胶体量子点合成技术的发展，实验上已经可以获得具有极强吸收特征的量子点，其相应的集群发射光谱与单量子点的光致发光一样窄。

三、研究内容

1. 实验药品

硬脂酸(90%+)、氧化镉(99.998%)、硒粉(200 目,99.999%)、十八烯(90%)。

2. 反应前驱体的制备

0.1 mmol/mL 硒粉悬浊液的配制：将硒粉(0.0237 g,0.3 mmol)分散到 3 mL 的十八烯中，用超声处理 5 分钟后配制成 0.1 mmol/mL 的悬浊液，使用前用手摇匀。装置图如图 3.3.2.2 所示。

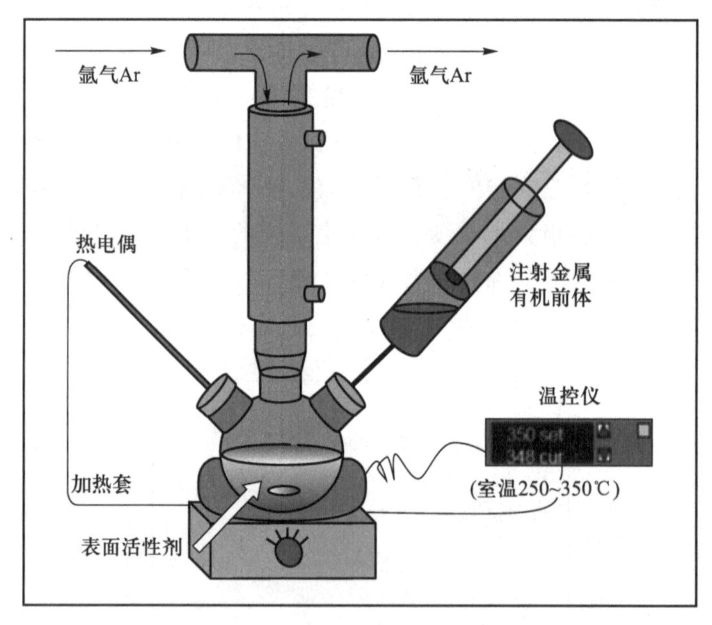

图 3.3.2.2 高温热注射法合成装置图

3. 第一激子吸收峰位在 550 nm 的球形 CdSe 胶体量子点的监测合成

将氧化镉(0.025 6 g,0.2 mmol)、硬脂酸(0.142 0 g,0.5 mmol)和十八烯(4 mL)放入 25 mL 的三颈瓶中，搅拌通入氮气 10 分钟后，升温至 280 ℃，得到澄清溶液，降温至 250 ℃；将 1 mL 浓度为 0.1 mmol/mL 的硒粉悬浊液快速注入三颈瓶中，将反应温度控制在 250 ℃。反应进行 7 分钟后，每隔 2~3 分钟，快速注入 0.05 mL 的 0.1 mmol/mL 的硒粉悬浊液，直到量子点的尺寸达到目标尺寸，立即停止加热；在反应过程中，取一定量的反应溶液注入含有 1~2 mL 甲苯的石英比色皿中，进行紫外-可见吸收光谱和荧光光谱的测量。当量子点达到预定的尺寸时，立即停止加热。

4. CdSe 胶体量子点提纯

取 1~1.5 mL 原液，放入容积为 4 mL 的离心管中，加入 2~3 mL 的甲醇、丙酮、氯仿体积比为 1∶1∶1 的混合液，加热至约 50 ℃，然后以 4 000 转/分钟的速度离心 20 秒；取出，趁热倒掉上清液；加入 0.5 mL 的甲苯，再次进行同样的沉淀离心过程；趁热倒掉上清液后，加入 0.5 mL 的甲苯，再加入 3 mL 的丙酮，在常温下离心沉淀。

5. 紫外-可见吸收光谱

紫外-可见吸收光谱，是指材料在某一些频率上对电磁辐射的吸收所呈现的比率，处于基态的原子或分子吸收某些波长的光而跃迁到激发态，形成了按波长排列的曲线所组成的光谱。紫外-可见吸收光谱主要以(200~400 nm)的紫外线和(400~800 nm)的可见光作为光源。

先用甲苯作为参比扫参比光谱，再在甲苯中加入适量的 CdSe/ODE 溶液，摇匀后用紫外光谱仪在 300 nm 到 700 nm 范围进行扫描。

6. 光致荧光光谱(PL)

光致荧光光谱，是物质吸收电磁辐射后受到激发，受激发原子或分子在去激发过程中再发射波长与激发辐射波长相同或不同的辐射，将荧光的能量-波长关系图作出来，那么这个关系图就是荧光光谱。

以己烷作为溶剂，加入适量的量子点溶液，摇匀后用荧光光谱仪在适当波长范围进行扫描。

四、思考题

1. 试通过改变反应前体与配体浓度、温度等反应条件合成发射波长在 400 nm 至 700 nm 范围的 CdSe 量子点。

2. 尝试制备尺寸与形貌均匀的高质量 CdSe 量子点。

五、参考文献

3.3.3 磁控溅射薄膜制备与物理特性研究

薄膜材料的主要几何特点是两个维度尺度较大,而第三维度尺度,也就是膜的厚度很小,一般在几纳米到几十微米的范围。因此,薄膜材料通常需要沉积在块体材料的衬底上,起到支撑薄膜的作用。薄膜材料由于膜厚的小尺寸效应,会显现出许多与块体材料完全不同的物理现象、特殊功能和物理内涵,使各种元器件微型化、集成化和多功能化,在集成电路、计算机等许多领域发挥着越来越重要的作用。薄膜材料科学已成为现代材料科学各分支中发展最迅速,涉及知识领域最广,对人类生产和生活的影响越来越大的科学分支。

溅射法是薄膜物理气相沉积的一种方法,它利用带有电荷的离子在电场中加速后具有一定动能的特点,将离子引向欲被溅射的靶材电极。在离子能量合适的情况下,入射离子和靶材表面的原子碰撞,使后者脱离靶材,被溅射出来。这些被溅射出来的原子将带有一定的动能,并且会沿着一定的方向射向衬底,从而实现在衬底上薄膜的沉积。

一、实验目的

1. 了解磁控溅射法制备薄膜的原理和过程。
2. 利用磁控溅射镀膜机制备 ZnO 半导体膜和 Fe 或 Co 金属膜。

二、实验原理

1. 物质的溅射现象

溅射是入射离子轰击物质表面,并在碰撞过程中发生能量与动量的转移,从而最终将物质表面原子激发出来的复杂过程。它与入射离子能量、入射离子种类、被溅射物质种类以及入射离子入射角度有关。一般来说,只有当入射离子的能量超过一定的阈值以后,才会出现被溅射物质的溅射。大部分金属的溅射阈值在 10~40 eV,每种物质的溅射阈值与入射离子的种类关系不大,但与被溅射物质的升华热有一定的比例关系。随着入射离子能量的增加,溅射出来的原子数与入射离子数之比(称为溅射产额)先是提高,其后在入射离子能量达到 10 keV 左右的时候趋于平缓。当入射离子能量继续增加时,溅射产额反而下降。

在一定加速电压和一定离子入射情况下,各种元素的溅射产额随元素外层 d 电子数的增加而增加,因而 Cu、Ag、Au 等元素的溅射产额明显高于 Ti、Zr、Nb、Mo、W 等元素的溅射产额。使用稀有气体作为入射离子时,溅射产额较高。由于经济性上的原因,在多数情况下,人们均采用 Ar 离子(Ar^+)作为溅射沉积时的入射离子。

2. 溅射沉积方法和原理

溅射法使用的靶材可根据材质分为纯金属、合金及各种化合物。主要的溅射方法可以根据其特征分为四种:① 直流溅射;② 射频溅射;③ 磁控溅射;④ 反应溅射。

(1) 直流溅射

直流溅射又称为阴极溅射或二极溅射。现在我们介绍一下直流溅射的基本原理和方法。图 3.3.3.1 是直流溅射沉积装置的示意图。在图 3.3.3.1 所示的真空系统中,靶材是被溅射的材料,它作为阴极,相对于作为阳极的衬底加有数千伏的电压。阳极可以接地。在对系统预抽真空以后,充入适当压力的稀有气体,例如 Ar 作为气体放电的载体,压力一般处于 0.1~10 Pa 的范围内。系统在正负电极高压的作用下产生辉光放电,极间的气体原子将被大量电离。电离过程使 Ar 原子电离为 Ar^+ 离子和可以独立运动的电子,其中电子飞向阳极,而带正电荷的 Ar^+ 离子则在高压电场的加速作用下高速飞向作为阴极的靶材,并在与靶材的撞击过程中释放出能量。离子高速撞击的结果之一就是使大量的靶材原子获得了相当高的能量,而脱离靶材的束缚飞向衬底,形成薄膜。

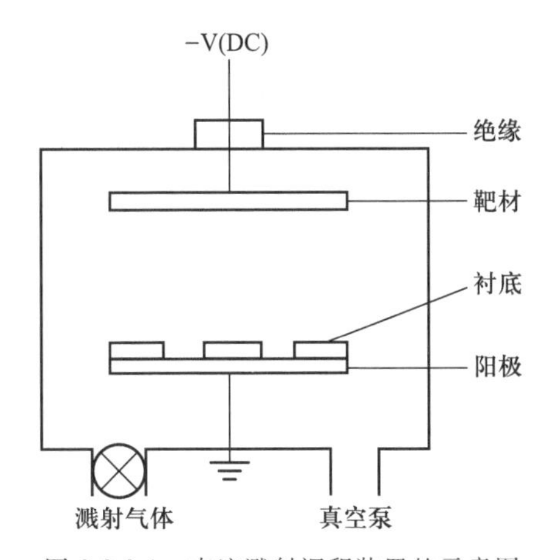

图 3.3.3.1 直流溅射沉积装置的示意图

在直流溅射过程中,常用 Ar 作为工作气体。工作气压是一个重要的参数,它对溅射速率以及薄膜的质量都具有很大的影响。

在相对较低的气压条件下,阴极鞘层厚度较大,原子的电离过程多发生在距离靶材很远的地方,因而离子运动至靶材处的概率较小。同时,低压下电子的自由程较长,电子在阳极上消失的概率较大,而离子在阳极上溅射的同时发射出二次电子的概率又由于气压较低而相对较小。这使得低压下的原子电离成为离子的概率很低,在低于 1 Pa 压力下甚至不易发生自持放电。这些均导致低压条件下溅射沉积速率很低。

随着工作气压的升高,电子的平均自由程减小,原子的电离概率增加,溅射电流增加,溅射沉积速率提高。但是当工作气压过高时,溅射出来的靶材原子在飞向衬底的过程中将会受到过多的散射,因而其沉积到衬底上的概率反而下降。因此随着工作气压的变化,溅射沉积速率会出现一个极值,如图 3.3.3.2 所示。一般来讲,溅射沉积速率与溅射功率(或溅射电流的平方)成正比,与靶材和衬底的间距成反比。溅射气压较低时,入射到衬底表面的原子没有经过很多次碰撞,因而能量较高,这有利于提高沉积时原子的扩散能力,提高沉积组织的致密程度。溅射气压的提高使得入射的原子能量降低,不利于薄膜组织的致密化。

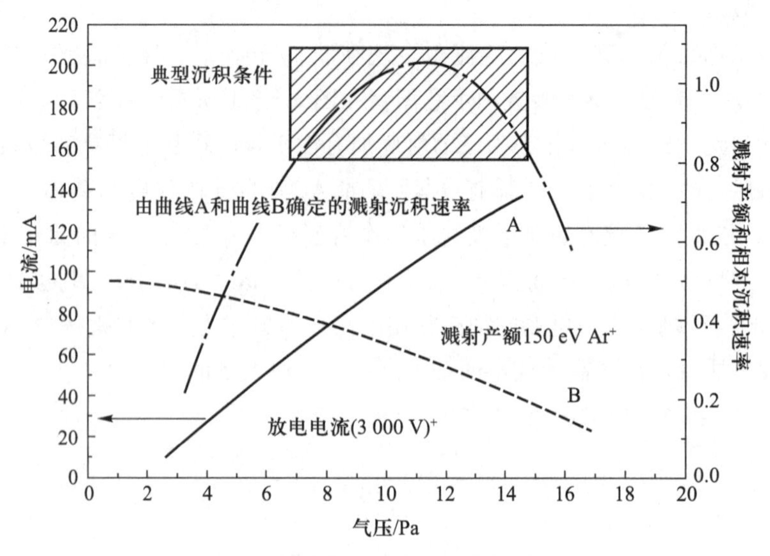

图 3.3.3.2 溅射沉积速率与工作气压的关系

（2）射频溅射

使用直流溅射方法可以很方便地溅射沉积各类金属薄膜，但这一方法的前提之一是靶材具有较好的导电性。由于达到一定的溅射沉积速率就需要一定的工作电流，因而要用直流溅射方法溅射导电性较差的非金属靶材的话，就需要大幅度提高直流溅射装置电源的电压。显然，对于导电性很差的非金属材料的溅射，我们需要一种新的溅射方法。

射频溅射是适用于各种金属和非金属材料的一种溅射沉积方法。设想在图 3.3.3.2 中设备的两电极之间接上交流电源时的情况：当交流电源的频率低于 50 kHz 时，气体放电的情况与直流电源的时候相比没有根本的改变，气体中的离子仍可及时到达阴极完成放电过程；唯一的差别只是在交流的每半个周期后阴极和阳极的电位互相调换。这种电位极性的不断变化导致阴极溅射交替式地在两个电极上发生。

当频率超过 50 kHz 以后，放电过程开始出现以下两个变化。第一，在两极之间不断振荡运动的电子将可以从高频电场中获得足够的能量并使得气体分子电离，而由电离过程产生的二次电子对于维持放电的重要性相对下降。第二，高频电场可以经由其他阻抗形式耦合进入沉积室，而不必再要求电极一定是导电体。因此，采用高频电源将使溅射过程摆脱靶材导电性的限制。射频溅射可以被用来产生溅射效应的另一个原因是它可以在靶材上产生自偏压效应，即在射频电场起作用的同时，靶材会自动地处于一个负电位下，这导致气体离子对其产生自发的轰击和溅射。

（3）磁控溅射

因为直流溅射沉积方法具有两个缺点：第一，沉积速率较低；第二，溅射所需的工作气压较高，这两者的综合效果使气体分子对薄膜产生污染的可能性提高。所以，磁控溅射技术作为一种溅射沉积速度较高，工作气压较低的溅射技术具有独特的优越性。

速度为 $\boldsymbol{v}$ 的电子在电场强度为 $\boldsymbol{E}$ 和磁感应强度为 $\boldsymbol{B}$ 的磁场中将受到电场力和洛伦兹力

的作用

$$\boldsymbol{F} = -q(\boldsymbol{E} + \boldsymbol{v} \times \boldsymbol{B}) \tag{3.3.3.1}$$

其中 q 为电子电荷量。当电场与磁场同时存在的时候，若 $\boldsymbol{E}$、$\boldsymbol{v}$、$\boldsymbol{B}$ 三者互相平行，则电子的轨迹仍是一条直线；但若 $\boldsymbol{v}$ 具有与 $\boldsymbol{B}$ 垂直的分量的话，电子的运动的轨迹将是沿电场方向加速，同时绕磁场方向螺旋前进的复杂曲线。即磁场的存在将延长电子在等离子体中的运动轨迹，提高了它参与原子碰撞和电离过程的概率，因而在同样的电流和气压下可以显著地提高溅射的效率和沉积的速率。一般磁控溅射的靶材与磁场的布置形式如图 3.3.3.3 所示。这种磁场设置的特点是在靶材的部分表面上方使磁场与电场方向相垂直，从而进一步将电子的轨迹限制到靶面附近，提高电子碰撞和电离的效率，而不让它去轰击作为阳极的衬底。实际的做法可将永久磁体或电磁线圈放置在靶材的后方，从而造成磁力线先穿出靶面，然后变成与电场方向垂直，最终返回靶面的分布，即如图所示的磁感线方向那样。

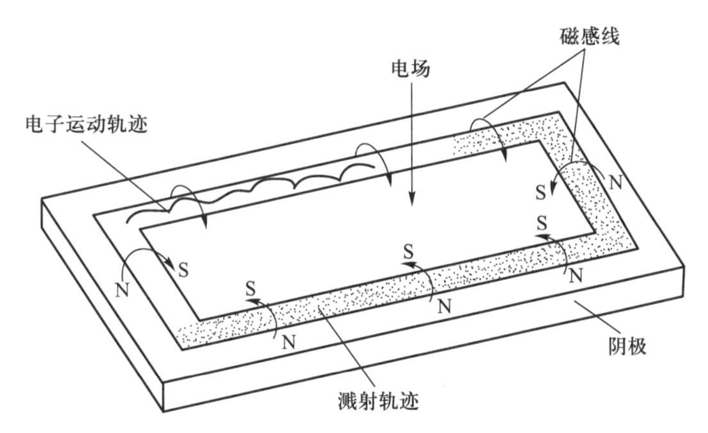

图 3.3.3.3 磁控溅射靶材表面的磁场和电子运动的轨迹

在溅射过程中，由阴极发射出来的电子在电场的作用下具有向阳极运动的趋势。但是，在垂直磁场的作用下，电子的运动轨迹被其弯曲而重新返回靶面。即在相互垂直的电磁场空间中，电子在 $\boldsymbol{v}\times\boldsymbol{B}$ 的方向上作漂移运动，而且这种漂移运动形成无终端的闭合轨迹，由此来维持放电。因而，在图 3.3.3.3 的靶面上将出现一条电子密度和原子电离概率极高，同时离子溅射概率极高的溅射带。

目前，磁控溅射是应用最广泛的一种溅射沉积方法，其主要原因是这种方法的溅射沉积速率可以比其他溅射方法高出一个数量级。这一方面要归结于在磁场中电子的电离效率提高，另一方面还因为在较低气压条件下溅射原子被散射的概率减小。另外，由于磁场有效地提高了电子与气体分子的碰撞概率，因而工作气压可以明显降低，即可由 1 Pa 降低至 0.1 Pa。这一方面降低了薄膜污染，另一方面也将提高入射到衬底表面原子的能量，因而可以在很大程度上改善薄膜的质量。

根据使用目的，各种溅射方法又可能有一些具体的差别，也可以将上述各种方法结合起来构成某种新的方法。

三、实验装置

图 3.3.3.4 为 JGP450 型多靶磁控溅射仪装置的示意图。薄膜制备的实验步骤如下：

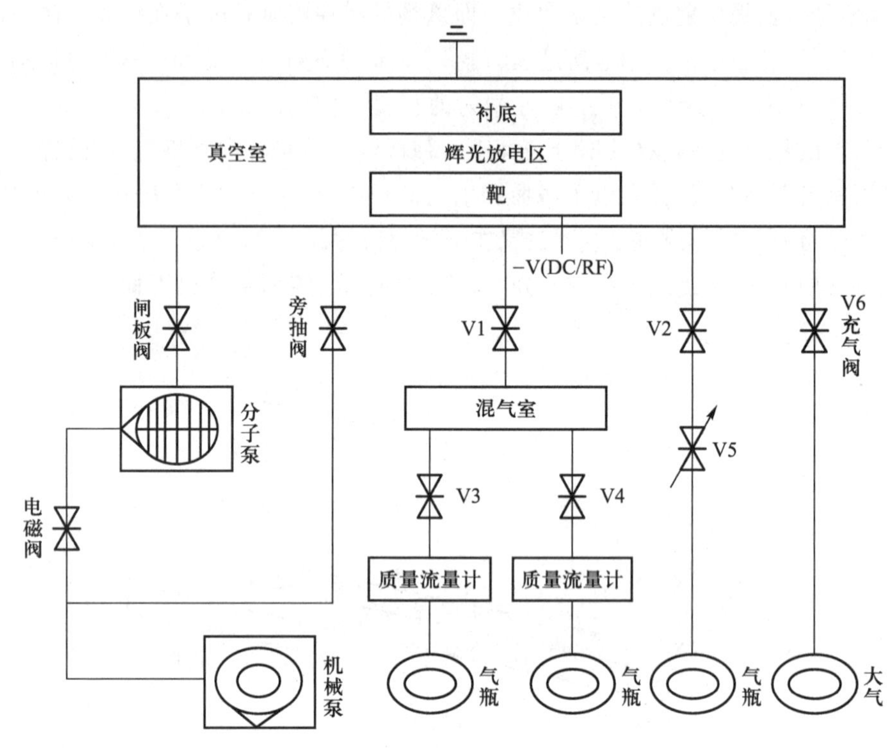

图 3.3.3.4 JGP450 型多靶磁控溅射仪装置的示意图

1. 将半导体或绝缘体靶放在永磁靶位或将磁性金属靶放在电磁靶位上；将清洗后的石英或单晶硅基片放在样品架上，根据实验要求调整基片温度。

2. 打开分子泵和电源；启动机械泵预抽真空，当真空度≤10 Pa 时，开分子泵抽高真空。

3. 当真空室的压强达到 10~5 Pa 后，开充气阀 V1，和 V3（或 V4）向真空室中充入溅射气体（如：Ar、O_2或 N_2 等）；如用两种气体溅射，须经 V3 和 V4 把两种气体充入混气室混合后，再经 V1 充入真空室中。通过质量流量计调节流量，利用闸板阀，调节工作压强，一般不超过 10 Pa.

4. 打开溅射电源；进行溅射；当靶材是绝缘体或半导体时用射频溅射法，当靶材是金属或其他导体时可以用直流或射频溅射法。

5. 溅射结束后，关闭溅射电源和溅射系统总电源；关闭分子泵和分子泵总电源。

6. 向真空室中冲入空气至一个大气压；打开真空室盖，取出薄膜样品。

四、研究内容

1. 用直流溅射法制备金属 Fe 或 Co 薄膜。
2. 用射频溅射法制备 ZnO 薄膜。
3. 利用 X 射线衍射仪对制备的样品表征。

五、思考题

1. 为什么用直流溅射法制备金属薄膜,用射频溅射法制备 ZnO 薄膜?
2. 在镀膜实验中为什么要抽高真空?
3. 如何提高薄膜的生长质量?

六、参考文献

单元四

高温高压极端条件物理

单元四　数字资源

4.1 金刚石对顶砧-高压结构相变研究

宇宙中绝大部分的物质都处于高压状态,如恒星、行星等天体的内部。高压对改变地球内部岩石的物理化学性质起着至关重要的作用,所以要想了解这些天体的形成、演化过程,就需要人为地产生高压。人们已经能够产生高于地球中心的压力,这为地球科学、行星科学、物理学、化学、材料科学等学科的研究提供了强有力的技术手段。目前,高压科学与技术迅猛发展,已成为当代科学的一个重要分支。

在自然界中,压力、温度、化学组分是对物质晶体结构和物理化学性质有普遍影响的三个重要变量。高压科学是研究物质在高压作用下的结构演化和性质变化的一门学科,是以物理学、材料科学以及地球科学等学科为背景发展起来的。在压力作用下,物质会发生相变,这包括固-液相变、晶体结构相变、电子结构相变、磁结构相变、有序-无序相变以及正常态-超导态相变等。高压对物质的作用主要表现为缩短原子间的平均距离,增加物质的密度。对气体而言,加压可以使其变为液体状态;而对液体加压,大多数液体在 1~2 GPa 的压强下会转变为固体;对固体进行加压则可以引起原子间距离的改变,导致原子密排、原子间相互作用增强以及原子排列方式的改变,从而引起晶型改变,即发生压致晶体结构相变。研究表明,在 100 GPa 的压强条件下,每种物质平均会发生 5 次结构相变,也就是说,利用高压条件可以为人类提供超出现有材料 5 倍以上的新材料,极大地优化人们改造客观世界的条件。

不但如此,压力的作用还会影响原子间键合性质,使原子位置、化学键取向、配位数等发生变化,从而使物质发生晶体向非晶体、非晶体向晶体以及两种非晶体之间的转化。进一步说,压力还可以导致电子体系状态的变化。由于物质中原子的间距缩小,相邻原子的电子云发生重叠,相互作用增强并影响到能带结构,从而可以引起压致电子结构相变。此外,压力作用还可以使物质的价带和导带发生重叠,能隙消失导致绝缘体变成金属,即发生压致金属化相变。理论上,当压力足够高时,所有物质都会表现出金属的特性。高压下物质的超导电性也会发生变化,有些材料在常压下并不具备超导电性,但在高压作用下会发生正常态-超导态的相变,如 Bi、Ba、Te 等;而有些常压下的超导体,在高压下其超导转变温度以及临界磁场等都会发生变化,这些高压下的性质变化无疑会为新型超导材料的设计提供重要的线索。由此可见,许多常压下不存在的物质和观察不到的现象,在高压的辅助下得以合成和实现,这极大地丰富了人们对物质世界的认知。

众所周知,物质的性质强烈依赖于晶体结构,而晶体结构又会受到自身成分以及外部条件(如温度、压力)的影响,所以只有弄清楚物质的外部条件-结构-性能之间的关系,才能够充分发挥其功能性,将其推向实用化。利用高压对物质的结构及晶格振动行为加以调制,进而可以调节材料的物理性质,揭示常规条件下难以发现的新现象和新效应,这被认为是构筑新功能材料的一种“清洁”有效的途径和方法,也是发展新概念、新理论和科技创新的重要源泉。由此也可以看出,高压下物质的相变研究已成为物理学的一个极为重要的研究领域。

伴随着激光技术、同步辐射技术以及金刚石对顶砧等技术的发展,多种研究物质压致结构相变的测试技术相继出现,如高压同步辐射X射线衍射技术、高压拉曼光谱测量、高压中子衍射、高压下电输运性质测量等。在高压研究中,样品的尺寸只有几微米到几十微米大小,普通的X射线光源由于能量低、光斑大等原因,不能用来进行高压X射线衍射实验。同步辐射X射线与普通X射线相比具有频谱连续、强度大、波长短、亮度高、准直性好、稳定性高等特点,利用同步辐射X射线是研究高压下物质结构相变最直接、有效的实验方法。同步辐射光源是国家级大科学装置,目前国内建有上海同步辐射光源(图4.1.1)、北京同步辐射光源和合肥同步辐射光源三个大型公用科学设施。但是鉴于同步辐射X射线衍射实验的特殊性,它并不适合用来开展本科生近代物理实验课。拉曼光谱可以反映物质分子振动、转动等方面的信息,也是研究物质结构的一种分析方法。本节主要介绍利用金刚石对顶砧装置,结合拉曼光谱测试技术来研究物质的压致结构相变行为。

图4.1.1 上海同步辐射光源

一、实验目的

1. 了解金刚石对顶砧装置及其工作原理。
2. 了解拉曼光谱原理。
3. 利用金刚石对顶砧装置,结合拉曼光谱原理测量样品的压致结构相变。

二、实验原理

1. 金刚石对顶砧技术

金刚石对顶砧(diamond anvil cell,DAC)技术是从 20 世纪 70 年代开始快速发展起来的一种高压实验技术,它的发明给高压科学带来了一场革命。金刚石是人类已知材料中最坚硬的物质,并具有良好的光学透过性。但由于其价格昂贵,直到 1949 年,Lawson 和 Tang 才首次利用单晶金刚石作为对顶砧进行 X 射线衍射实验;1958 年,芝加哥大学的 Jamieson、Lawson 和 Nachtrieb 以及美国国家标准局的 Weir 等人改进了金刚石对顶砧装置,并应用在 X 射线粉末衍射和红外吸收等实验上。至此,真正意义上的金刚石对顶砧实验装置才算问世。而当年 Weir 提出的入射光与出射光平行于轴线的设计以及杠杆加压系统这两项基本结构原理一直沿用到今天。

金刚石对顶砧装置的加压工作原理如图 4.1.2(a)所示,垫片放置在两个相对平行的金

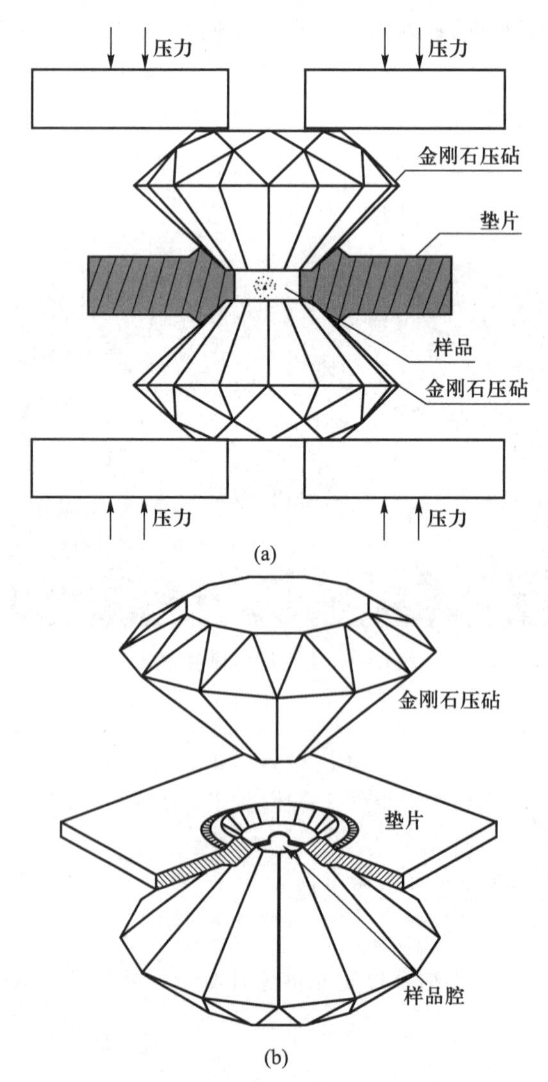

(a) 金刚石对顶砧装置的加压工作原理示意图 (b) 垫片的截面图

图 4.1.2 金刚石对顶砧

刚石压砧之间[图 4.1.2(b)],把样品、标压物质和传压介质一起填充在垫片的样品腔内,由于金刚石压砧的砧面直径很小,而上下施加在金刚石压砧上的挤压力又很大,进而实现了对样品腔(垫片上事先钻好的小孔)施加高压的作用。由于各种测试方法的需要,科学家设计了很多不同类型的金刚石对顶砧装置,如 Mao-Bell 压机、对称式压机、四柱式压机、全景式压机以及 BX90 式压机等。

DAC 的加压方式

金刚石对顶砧装置的加压方式有两类:(1) 传统的手动加压:通过水平方向同时旋进装置上的螺丝,使固定在上下托块上的金刚石相互挤压而产生高压,如图 4.1.3(a)所示。螺丝上装配的弹簧片可以起到缓冲并使装置在垂直方向上平均受力的作用。手动加压可以让实验人员更直接和方便地控制压力的变化,也能第一时间感受到加压时可能出现的问题而进行调整。(2) 机械装置传动加压:典型的装置是气动加压[图 4.1.3(b)]或机械齿轮控制以及压电器件加压控制。这些加压方式的特点是使实验人员可以远程控制,并且能精准控制加压和卸压过程,对于低温实验或未来搭建在其他仪器上的难以直接手动加压的实验非常适用。

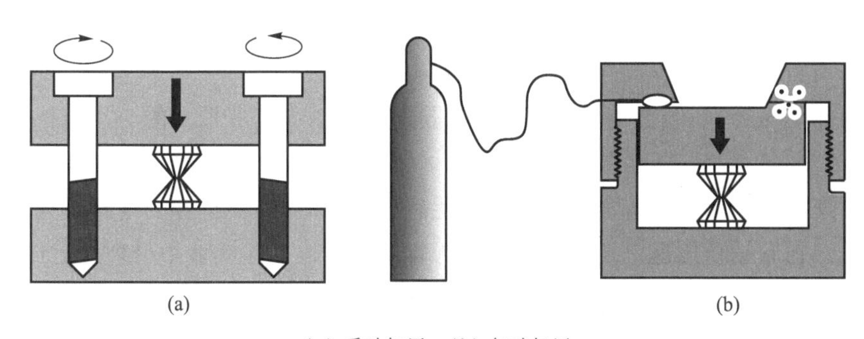

(a) 手动加压　(b) 气动加压

图 4.1.3　DAC 加压方式

垫片

垫片是金刚石对顶砧装置的核心组成部分。由于样品填装在预压好的垫片的小孔(样品腔)中,样品和垫片共同承受高压作用,所以垫片的硬度、韧性,在高压下是否和传压介质或样品反应等条件都是选择垫片所要考虑的。根据不同的实验要求,选择的垫片也不同:

(1) T301 不锈钢垫片(一种以 Fe 为主要成分的合金):它是高压实验中最常用的封垫材料。其厚度一般为 0.25 mm,韧性和硬度都比较适中,多用于压强为 50 GPa 以下的实验。

(2) 金属铼片(rhenium):硬度远大于 T301 不锈钢垫片,在比较高压的实验中被广泛采用,并且由于铼片本身无磁,还可以用于高压下磁性研究的实验。

(3) 金属钨片(tungsten):同样具有硬度大的特点,适合压力很高的实验,但是其韧性不好,非常脆,在高压下形变过大可能会断裂。钨的电阻率很高,可用作加热电阻丝,有很大潜力被应用在高温高压实验中。

(4) 其他特殊用途的垫片:氮化硼立方垫片,其硬度仅次于金刚石,而且具有良好的绝缘性的特点,所以在高压电学实验中经常被用来做绝缘层。又如 Zou 等人发明的应用在激光加温实验上的金刚石粉垫片,以及 Merkel 等人使用的硼胶 Kapton 合成垫片,都具有特殊的实验用途。

传压介质

在高压实验中,传压介质的选择直接影响样品的静水压的好坏。好的传压介质可以使样品在加压时处于各向同性的压力环境下,便于提高测量和分析时的准确性,简化压力作用方式。在高压实验技术中,被科研工作者广泛使用的几种传压介质如下:

(1) 液态传压介质:高压实验中常使用硅油、甲醇/乙醇按体积比 4∶1 调配的混合物;甲醇/乙醇/水按体积比 16∶3∶1 调配的混合液体等。这些液体传压介质的优点是取材简单,方便利用,但是缺点是该类液态传压介质在高压的作用下会固化,从而降低了静水压的效果。

(2) 固态传压介质:因实验条件的不同,我们可选择氯化钠(NaCl)、溴化钾(KBr)等作为传压介质,其缺点是保持静水压条件的压力范围比较低。固体传压介质在高温高压实验中被广泛利用,例如氧化镁(MgO)、氧化铝(Al_2O_3)等。它们本身具有的高绝热特性使其可以很好地隔绝样品腔,避免热量传导,但是也存在静水压范围低(7~8 GPa)的缺点,更值得注意的是其有可能与某些样品在高温高压下发生反应。

(3) 气态传压介质:气态传压介质被认为是静水压压力范围最大的一类传压介质,常用的有氩气、氮气、氖气、氙气、氢气、氦气等。

气态传压介质最大的缺点在于封装难度比较大,大部分需要特殊的气封装置来完成,封装过程烦琐。但是这些问题并不能妨碍其成为常温及低温高压实验中最理想的传压介质。

2. 测压技术

在现代高压技术中,测压技术至关重要。由于金刚石对顶砧装置的压腔体积很小,我们需要找到一种简单方便的测压方法。压力内标法成为被广泛使用的压力测量技术。压力内标法是根据被标定的物质在压力下的物态方程来实现压力的标定。现阶段应用最多的标压物质为红宝石。其原理如下:把红宝石与传压介质和样品一起放入金刚石对顶砧装置的压腔内。在常压下,通过激光的照射,红宝石可以产生非常强的两条荧光谱线,峰位分别为 692.7 nm (R2)和 694.2 nm (R1)。由于压力的作用,红宝石的两条荧光谱线会发生红移现象,并且这种红移与压力的提高呈非常好的线性关系。我们一般选择 R1 峰的峰位与压力的线性关系来标定压力,红宝石 R1 峰的峰位随压力变化的经验公式为

$$p=\frac{1\,904}{7.665}\left[\left(\frac{\Delta\lambda}{\lambda_0}+1\right)^{7.665}-1\right] \tag{4.1.1}$$

其中 $\lambda_0=694.2$ nm,$\Delta\lambda$ 是红移量。

红宝石荧光测压技术这种压力内标法是国内外公认的最简单、最准确的标压方式,并且其具有压力系数大、背底低、谱线宽度窄、测试相对强度高以及很难与样品发生反应等特点,是比较理想的测压手段。

除此之外,根据具体的实验情况,我们也可以利用氮化硼、Pt、NaCl、MgO 等物质的物态方程来测量压力,其通常在 X 射线衍射实验中使用。

3. 拉曼光谱测试系统

拉曼光谱(Raman spectrum)是一种散射光谱。拉曼光谱技术是通过研究化合物分子受光照射后所产生的散射光谱,以得到分子振动、转动方面的信息,并应用于分子结构研究的一种分析方法。由分子振动、固体中光学声子等激发与激光相互作用产生的非弹性散射称为拉曼散射。拉曼光谱技术是印度科学家 Raman 及 Krishman 在 1928 年利用水银照射 CCl_4 液体时,观察到散射光中出现了频率的变化进而发现的。Raman 也因此项发现及相关研究获得了 1930 年的诺贝尔物理学奖。有趣的是,Landsberg 和 Mandelestam 在同一时间从石英晶体中探测到了散射光频率变化的现象,即由光学声子引起的拉曼散射,并称之为"并合散射"。到 1928 年底,拉曼散射的相关研究报道已经有六十多篇,足见当时的轰动程度。但是随后几年,由于拉曼散射效率很低,早期使用的汞灯光源发光强度非常小,方向性及单色性都很差,所以散射光十分微弱,人们很难得到满意的信号,拉曼散射技术因此发展缓慢。随着 20 世纪 60 年代的激光光源技术的出现,拉曼散射技术进入了以受激拉曼效应为基础的新时代。

拉曼散射是一种典型的利用光波与物质相互作用来观察物质相关变化的实验手段,对样品不造成破坏,可重复性好。在 1968 年,Brasch 等人首次使用金刚石对顶砧装置通过零度散射的方法进行了拉曼光谱的高压研究。后来,共聚焦实验技术的应用大大提高了拉曼信号的采集能力,进而解决了微弱样品信号难以采集的问题,而在高压拉曼领域中被广泛使用。现阶段拉曼光谱已经成为高压研究中必不可少的工具之一。

对样品施加压力后,样品的拉曼振动峰的峰强及拉曼移位会发生变化,我们可以根据是否有新峰出现以及拉曼移位随压强的变化趋势来判断样品是否发生压致结构相变。如:MgV_2O_6 在 3.9 GPa 时拉曼移位随压强发生不连续变化,即在此压强下发生第一次压致结构相变。当继续加压至 17.3 GPa 时,拉曼光谱出现了 9 个新的拉曼振动峰,即在此压强下发生了第二次压致结构相变,如图 4.1.4 所示。激光拉曼技术和高压科学的结合使我们可以从另一个视角研究物质内部结构的变化以及内部微观粒子在高压条件下的排列随压力的变化,是一种有效的研究物质结构相变和软模相变的手段。同步辐射 X 射线与拉曼光谱两种实验方法可以互相补充与辅助,当同步辐射 X 射线方法遇到测试困难时,拉曼光谱测量也可以间接证明物质结构的相关变化。

拉曼光谱仪的原理非常简单,当光打到样品上时,样品分子会使入射光发生散射。大部分散射光的频率没变,称为瑞利散射;部分散射光的频率变了,称为拉曼散射。散射光与入射光之间的频率差称为拉曼移位。拉曼光谱仪主要就是通过拉曼移位来确定物质的分子结构,针对固体、液体、气体、有机物、高分子等样品均可以进行定性和定量分析。

不同的拉曼光谱仪组成及结构会有些细微的不同,但一般都是由激光光源、样品装置、显微镜、扩束器、滤光片、狭缝、光栅和 CCD 检测器等组成,激光显微拉曼光谱仪光路如图 4.1.5 所示。本实验所用的拉曼系统配备的是 532 nm 激光器,物镜为 50 倍长焦镜头。

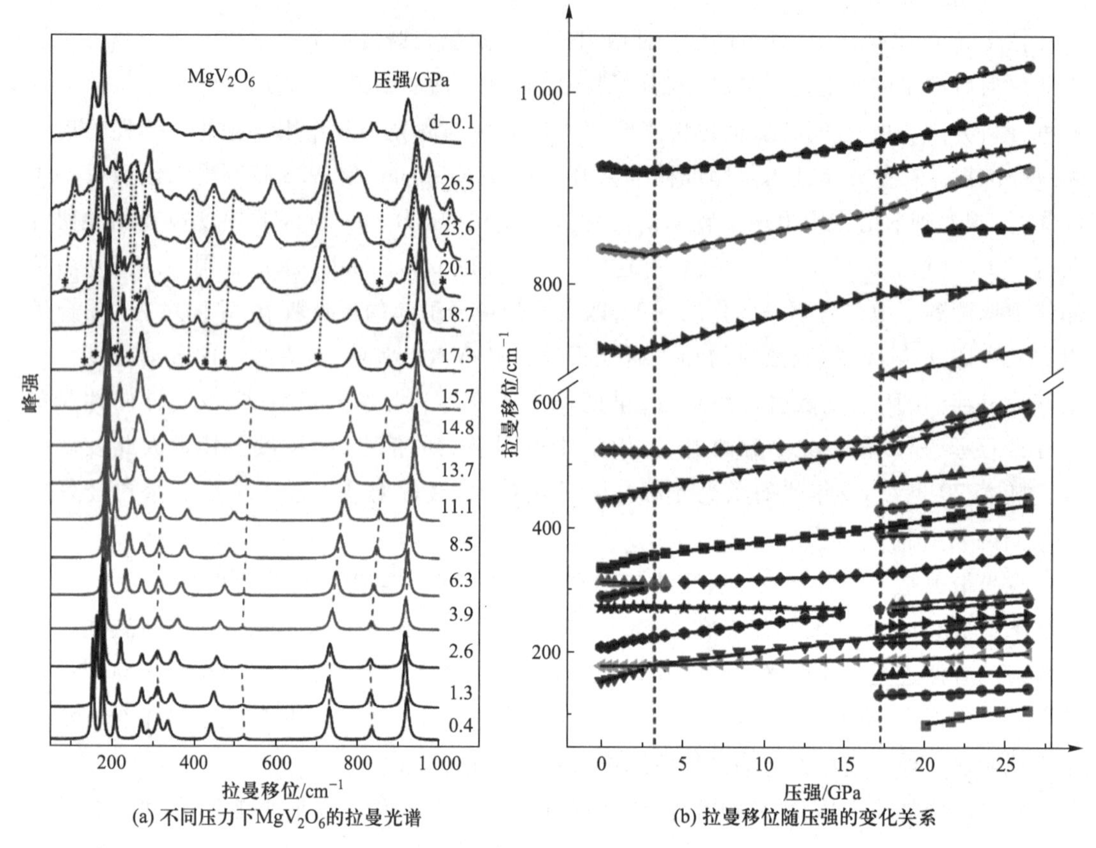

(a) 不同压力下MgV_2O_6的拉曼光谱　(b) 拉曼移位随压强的变化关系

图 4.1.4 拉曼光谱

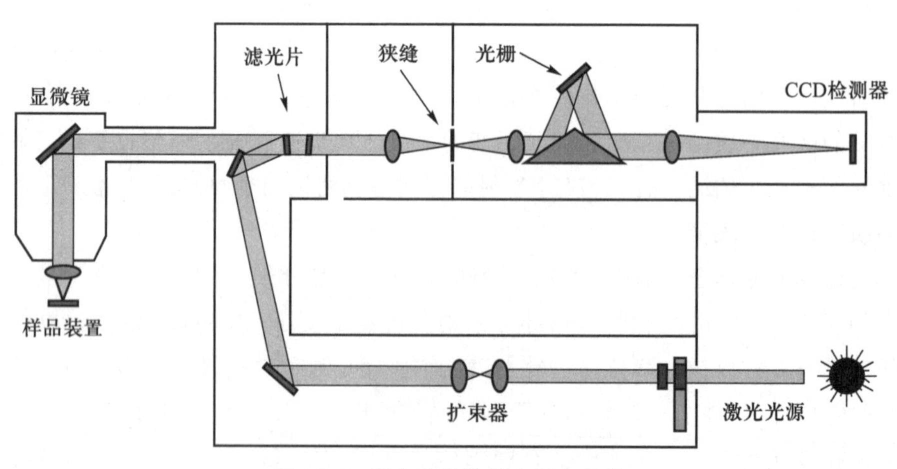

图 4.1.5 激光显微拉曼光谱仪光路

三、研究内容

以 $LiCuVO_4$ 粉末样品为例，来说明测量时需要了解的有关振动模式以及特征拉曼峰的指认。文献报道的有关拉曼峰的振动模式如表 4.1.1 所示：

表 4.1.1 实验观测到的 $LiCuVO_4$ 振动模式指认

Assignment	Observed modes/cm^{-1}	Assignment	Observed modes/cm^{-1}
A_g	152	B_{1g}	353
A_g	186	A_g	450
B_{3g}	213	B_{2g}	588
B_{1g}	230	A_g	742
B_{2g}	248	B_{3g}	848
A_g	305	A_g	873

拉曼光谱可以在压致相变的过程中提供局部及整体的振动信息，来分析分子结构方面的变化。以多晶粉末 $LiCuVO_4$ 为样品，原位拉曼光谱实验在高压共聚焦拉曼光谱仪上进行，可以对样品进行原位高压拉曼光谱的测量。

根据群理论，$LiCuVO_4$ 的声子模式如下：

15 个拉曼活性振动模式：$5A_g+2B_{1g}+4B_{2g}+4B_{3g}$

20 个红外活性振动模式：$8B_{1u}+6B_{2u}+6B_{3u}$

4 个非活性振动模式：$4A_u$

通过对 $LiCuVO_4$ 的拉曼振动模式进行指认，如表 4.1.1 所示。这些观察到的拉曼振动模式被分为 3 大类晶格振动：在高频区域（650~1 000 cm^{-1}），振动模式是 VO_4 的伸缩振动。此类振动包含 4 个拉曼峰（$2A_g+B_{2g}+B_{3g}$），它们在高频区域是以 V-O1 和 V-O2 伸缩振动的模式出现。在中频区域（400~650 cm^{-1}）的拉曼峰通常是复杂的混合振动，包括所有阳离子、四面体和八面体同时参与。而在低于 400 cm^{-1} 的低频区域包含有 Li^+ 和 Cu^{2+} 离子作为主要贡献的混合振动。在指认样品特征拉曼峰后，通过测量各个压力点的拉曼光谱，分析各个峰位上拉曼峰的变化，观察是否有劈裂及消失现象，以此来判断是否有结构及有关相变的发生。

综上可知，本实验利用金刚石对顶砧装置，通过测量不同压力下 $LiCuVO_4$ 样品在 100~1 100 cm^{-1} 区域内的拉曼光谱，观察样品拉曼振动峰的变化情况。利用 Origin 软件处理不同压力下的拉曼图谱，判断是否有新的拉曼振动峰出现，并给出拉曼峰位随压强变化的拉曼移位图，进而判断样品是否发生了压致结构相变。

四、思考题

组装金刚石对顶砧装置过程中需要注意哪些事项？

五、参考文献

4.2 高压原位光学、光电性质研究

物质的光学性质主要是指物质对光线的吸收、反射和折射时所表现出的各种性质，也指物质受不同能量激发而发出可见光的性质即发光性，以及由物质引起的光线干涉和散射等现象。半导体材料受到光照时，电子吸收光子并利用这个光子的能量脱离半导体中正电荷的束缚飞出，这种现象称为光电效应，而光电效应所产生的电流称为光电流。本实验内容为高压下物质的紫外-可见吸收光谱、荧光光谱以及光电流测试。

一、实验目的

1. 了解紫外-可见吸收光谱、荧光光谱以及光电流测试原理。

2. 利用金刚石对顶砧装置，测量高压下样品的吸收光谱、发光光谱以及光电流，获得其压力效应。

二、实验原理

1. 紫外-可见吸收光谱

紫外-可见吸收光谱（UV-visible absorption spectroscopy）是指在经紫外线到可见光照射后，物质的分子或离子的价电子吸收光子的能量从基态（低能级）跃迁至高能量的激发态（高能级），通过比较入射的光和透过样品的光即可测得紫外-可见吸收光谱。不同的物质吸收光子后会产生不同的电子跃迁，对应着不同能量的波长，吸收峰的位置以及强度也会不同，所以，根据吸收光谱上的信息就可以推断样品的分子结构信息。紫外-可见吸收光谱可以对样品的结构、组分、纯度等相关特征进行定性或定量的分析和推断。它具有无损伤、便捷、固液皆可和可微区测量的特点，非常适合与高压装置相结合。

高压可以改变物质的能带宽度，对于半导体和绝缘体来说，禁带宽度在压力下发生变化，这体现在光吸收性质上。而对于金属材料来说，高压使电子结构发生改变，体现在光学反射率上。通过测量材料在高压下的光学性质，可以得到与其性质有关的许多信息。

从吸收光谱最直接可以获得的是带隙信息，而带隙的大小与电子结构相关，物质的电子结构在高压条件下会发生变化，对应的吸收峰位置和强度也会发生变化，因此结合金刚石对顶砧实验技术可以很好地观测到这种变化，进而可以获得高压下物质的带隙变化情况。绝缘体和半导体中对应于禁带宽度的跃迁能量称为吸收边，在高压作用下，吸收边会发生变化，有些材料的吸收边会变小（红移），有些材料的吸收边会变大（蓝移），当吸收边变为 0 时，材料变为金属。

下面以直接带隙半导体 ZnO 为例，介绍从紫外-可见吸收光谱得到半导体禁带宽度（带隙）的两种方法。

（1）截线法

截线法是一种求取半导体禁带宽度的简易方法，其基本原理是认为半导体的带边波长（也叫吸收阈值，λ_g）决定于禁带宽度 E_g，两者之间存在

$$E_g(\mathrm{eV}) = 1\,240/\lambda_g(\mathrm{nm}) \tag{4.2.1}$$

的数量关系。因此，我们可以通过求取 λ_g 来得到 E_g。

a. 首先通过紫外-可见吸收光谱测试得到样品的吸收数据；

b. 在 Origin 中，通过 Analysis--> Mathematics-->Differentiate 对图 4.2.1（a）中的曲线求一次微分，并找到极值点（X，Y_1）；

c. 过极值点（X，Y_1）作斜率为 k 的截线，该截线与横坐标轴的交点即为吸收波长的阈值 λ_g；

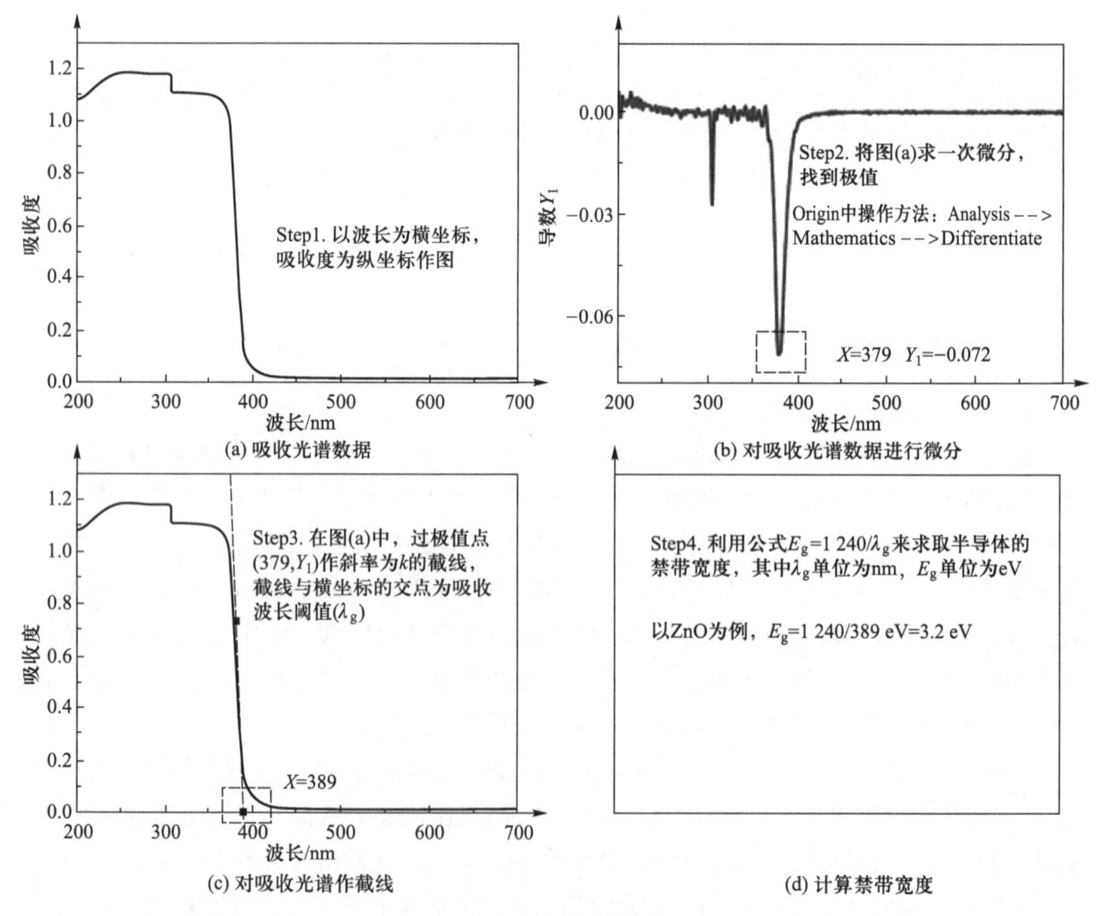

图 4.2.1 截线法

d. 通过公式 $E_g(\mathrm{eV})=1240/\lambda_g(\mathrm{nm})$ 来求取半导体的禁带宽度 E_g。

（2）Tauc Plot 法

这种方法之所以能够得到半导体的禁带宽度，主要是基于 Tauc、Davis 和 Mott 等人提出的公式，称为 Tauc Plot 法（图 4.2.2）。

$$(\alpha h\nu)^{\frac{1}{n}}=A(h\nu-E_g)$$

其中 α 为吸光指数，h 为普朗克常量，ν 为频率，A 为常数，E_g 为半导体的禁带宽度（带隙），指数 n 与半导体类型直接相关。对于直接带隙半导体：$n=\frac{1}{2}$；对于间接带隙半导体：$n=2$。

a. 利用紫外-可见吸收光谱测试数据分别求 $(\alpha h\nu)^{\frac{1}{n}}$ 和 $h\nu$。其中 $h\nu=hc/\lambda$，c 为光速，λ 为光的波长。

说明：在实验过程中，我们通过漫反射光谱所测得的谱图的纵坐标一般为吸收度 Abs。α 为吸光系数，两者成正比。通过 Tauc Plot 法来求取 E_g 时，不论采用 Abs 还是 α，对 E_g 值是不影响的（只不过 A 有差异而已），所以简单起见，可以直接用 A 替代 α。

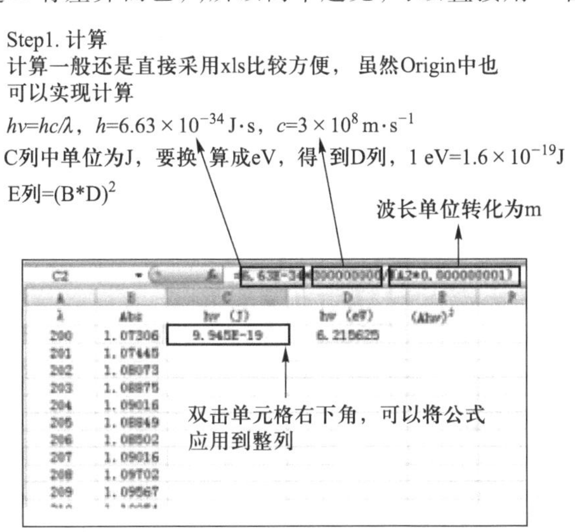

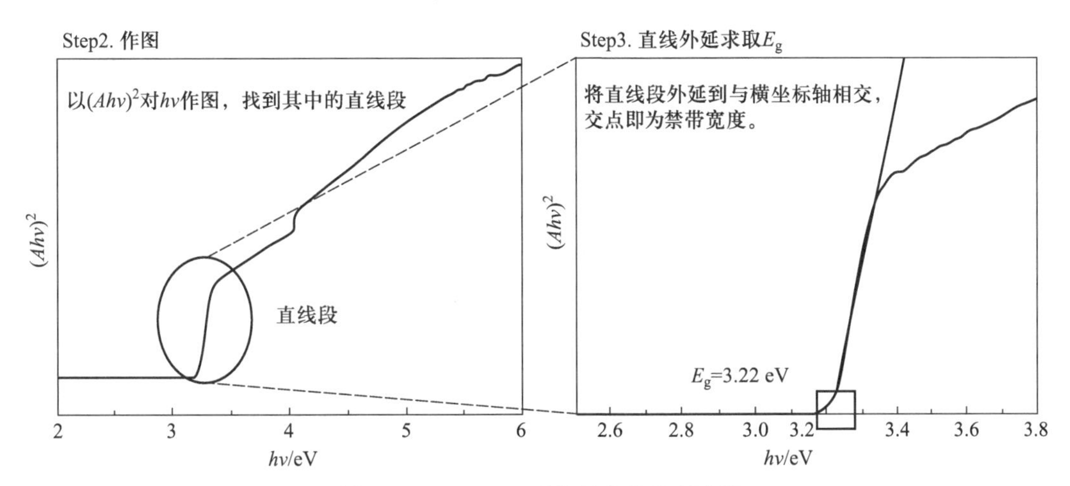

图 4.2.2　Tauc Plot 法推导禁带宽度过程

b. 在 Origin 中以$(\alpha h\nu)^{\frac{1}{n}}$对 $h\nu$ 作图。

c. 将步骤 b 中所得到图形中的直线部分外推至横坐标轴,交点即为禁带宽度值。

2. 荧光光谱

荧光光谱是指样品在经紫外线照射后,电子从基态跃迁至激发态,然后通过弛豫跃迁至最低激发态;处于最低激发态的电子和空穴通过辐射复合发出不同频率的光子,荧光会随着入射光的停止照射而消失。因此,荧光光谱具有无损伤、快速、便捷的特点,这种技术常用于表征材料的发光性质。晶格压缩必然会引起材料电子结构的改变,从而改变材料的发光性质。因此,将金刚石对顶砧实验技术与原位高压荧光测量相结合,可以获得压力下物质的电子态以及电子能级之间跃迁的变化。

常压下,$Cs_3Bi_2I_9$ 在 560~840 nm 处表现出了一个红色的宽发射带,但是荧光峰的强度很弱。高压荧光实验结果如图 4.2.3(a)和(b)所示,随着压强的增加,荧光峰强度急剧增大,在 0.9 GPa 后逐渐减弱,直到 9.8 GPa 时完全消失。在 0.9 GPa 之前,相对荧光峰强度与压强呈正相关的线性关系,随后缓慢减弱过程是一种非线性关系[图 4.2.3(c)]。在相对温和的压强范围内(< 1 GPa),相比于初始的状态,荧光峰强度增加了大约 10 倍。在整个晶格压缩过程中,发射光谱始终保持缓慢的红移,高压下的荧光峰移位图清晰地反映了这一特征[图 4.2.3(d)]。

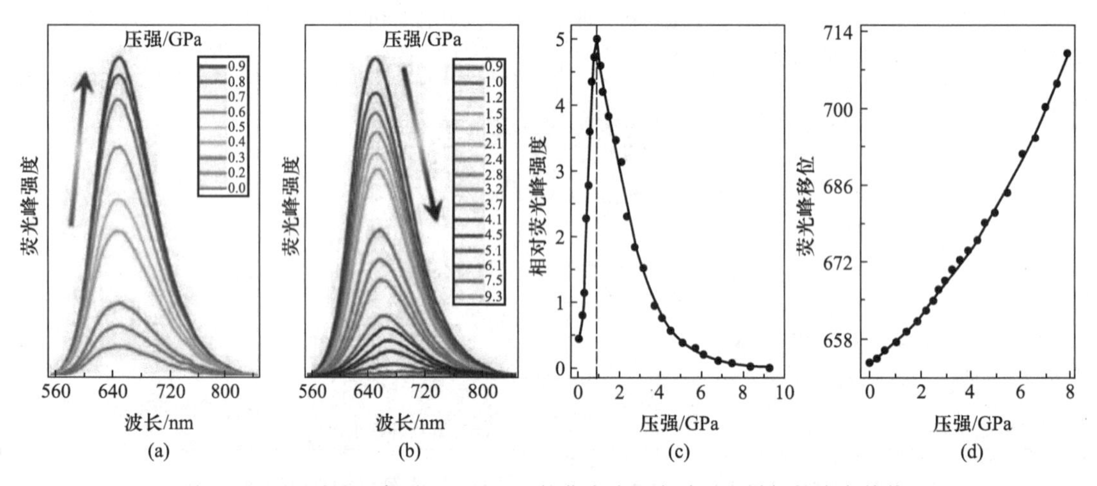

图 4.2.3 (a)和(b)高压下 $Cs_3Bi_2I_9$ 的荧光峰强度随压强增加的演变趋势;(c)相对荧光峰强度随压强的变化趋势;(d)高压下的荧光峰位置的移动趋势

3. 光电流测试

半导体材料受到光照时,电子吸收光子并利用这个光子的能量脱离半导体中正电荷的束缚而飞出,并形成电流,这种现象称为光电效应,而光电效应所产生的电流称为光电流。从能量转化的角度来看,这是一个光生电,光能转化为电能的过程。图 4.2.4(a)为光电流产生原理示意图,光响应包括上升 *ABC* 和下降 *DEF* 两个弛豫过程,如图 4.2.4(b)所示。

每种物质在产生光电效应时都存在一个极限频率(又称截止频率),即照射光的频率不能低于某一个临界值,相应的波长称为极限波长。当入射光的频率低于极限频率时,无论多

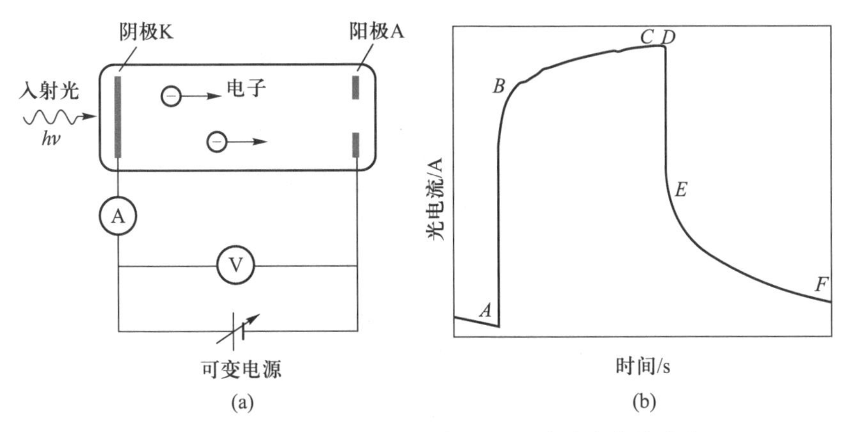

图 4.2.4 （a）光电流产生原理示意图;（b）光响应信号升降过程

强的光都无法使电子逸出。光电效应存在瞬时性,即几乎在照到材料时立即产生光电流,响应时间很短。入射光的强度只影响光电流的强弱,在光的颜色不变的情况下,入射光越强,光电流越大。

三、实验装置

1. 高压下紫外-可见吸收光谱实验装置

本实验使用的是自主搭建的高压下紫外-可见吸收光谱测试系统(图 4.2.5)。氘卤灯作为紫外-可见区的测试光源,有效测量范围为 250～1 000 nm。我们在光路中连接了一台高分辨相机,用来记录样品在高压下的形貌和颜色变化。

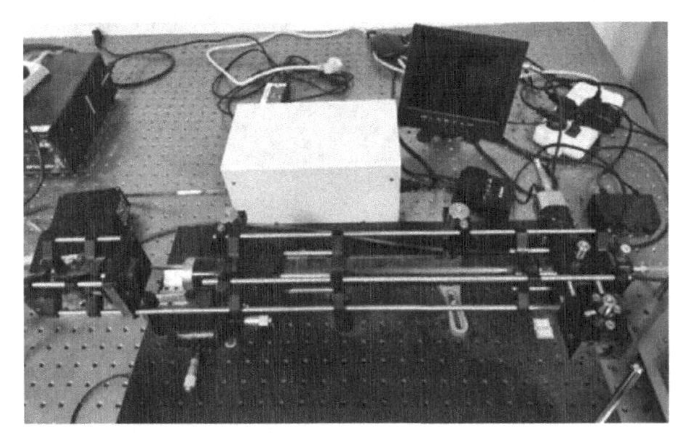
图 4.2.5 自主搭建的高压下紫外-可见吸收光谱测试系统

2. 高压下荧光光谱实验装置

本实验使用的是自主搭建的高压下荧光光谱测试系统(图 4.2.6)。激光通过倒置在生物显微镜里的光路照射在金刚石对顶砧装置样品腔内的样品上。荧光信号通过一个与显微镜相连的光纤光谱仪转换成荧光光谱。我们将一台高分辨相机连接于显微镜的光路上,从而可以通过照片记录荧光强度和颜色的变化。

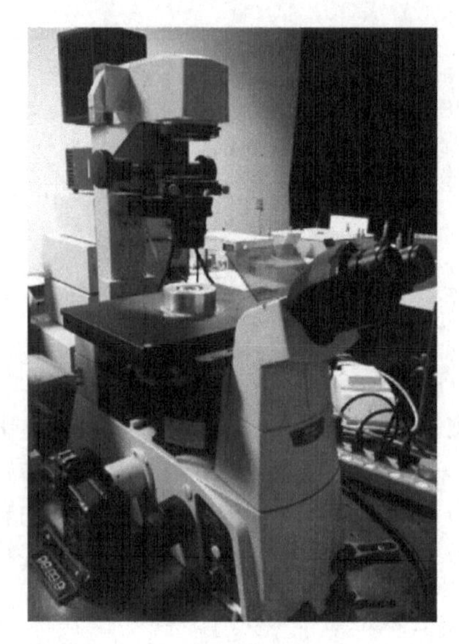

图 4.2.6 自主搭建的高压下荧光光谱测试系统

3. **高压下光电流测试实验装置**

本实验使用的是 10W 可调单色 LED 光源系统，配备 8 个波长的光源盒，实验中使用电化学工作站采集光电流信号（图 4.2.7）。

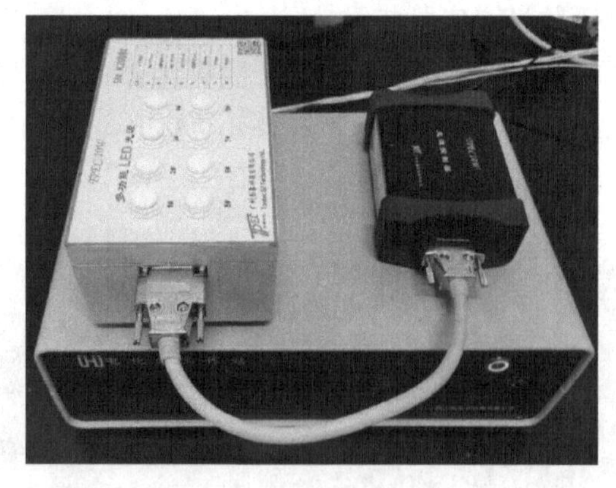

图 4.2.7 可调单色 LED 光源系统以及电化学工作站

四、研究内容

本实验选择无铅卤化物双钙钛矿 $CsAgBiCl_6$ 为测试样品，利用金刚石对顶砧装置，结合上述测试设备，对高压下样品的带隙、发光性能以及光电流变化行为进行测试。

1. **高压下紫外-可见吸收光谱**

本实验以氘卤灯作为紫外-可见区的测试光源，有效测量范围为 250～1 000 nm。实验中选择 T301 钢片为金属垫片，样品腔直径为 150 μm，选择硅油作为传压介质，采用红宝石荧光法标定压力，测得不同压强下的紫外-可见吸收光谱数据。

2. 高压下荧光光谱

本实验采用波长为 355 nm 的紫外激发光，功率为 10 mW。实验中选择 T301 钢片为金属垫片，样品腔直径为 150 μm，选择硅油作为传压介质，采用红宝石荧光法标定压力，测得不同压强下的荧光光谱数据。

3. 高压下光电流测试

本实验采用的电极布线方法是两探针布线法，样品腔为 200 μm，不加入传压介质，选用红宝石作为标压物质，在样品两端施加恒定电压 5 V，以 60 s 闭光和 40 s 开光作为一个测试周期，循环 4 次，测得不同压强下的光电流数据。

综上，本实验利用 Origin 软件处理不同压强下的紫外-可见吸收光谱、荧光光谱以及光电流数据，获得禁带宽度（带隙）、发光峰位、峰强以及光电流等参数随压强的变化关系，并分析其压力效应。

4.3 纳米复合材料的高压制备与性能研究

纳米复合材料(nanocomposite material)是由两种或两种以上至少有一维是纳米级(1~100 nm)的固相复合而成的材料,固相可以是非晶态或晶态,也可以是无机物或有机物。纳米复合材料的研究是开发高性能材料的有效途径之一。纳米粒子弥散分布在基体材料中,可以显著提高复合材料的物理性能,如硬度、熔点、化学稳定性和电阻温度系数等。纳米粒子在基体材料中的分散状态大致可分为三种:第一种是不同成分或者不同种类的纳米粒子复合的纳米固体材料;第二种是纳米粒子分散到常规的三维固体中;第三种是把纳米粒子弥散到二维的薄膜材料中,分为均匀弥散和非均匀弥散两大类。均匀弥散是指纳米粒子在薄膜中均匀分布。非均匀弥散是指纳米粒子随机和混乱地分散在薄膜基体中。

目前纳米复合材料研究主要集中在以下几个方面:纳米复合涂层材料、纳米高力学性能材料、磁性材料、光学材料、高介电材料及仿生材料。研制新型纳米复合材料涉及有机、无机、物理、化学、材料生物等多学科知识,具有重大的科学意义和应用价值。开发具有超硬、耐高温和导电性能优良的纳米复合材料,是人们一直以来追求的目标。

过渡族金属氮化物、硼化物和碳化物等具有高硬度、高熔点、化学稳定性好和低电阻温度系数等优异性能,能够满足21世纪先进制造和国防科技的高速发展对材料性能的要求,从而引起了人们的广泛注意,现已被成功用作精密切割工具和抗高温氧化、耐磨损部件的新型工程陶瓷材料。例如,氮化锆(ZrN)具有高熔点(2 980 ℃)、高硬度(约13 GPa)、高体弹性模量(328 GPa)、高热导率(20.5 $W \cdot m^{-1} \cdot K^{-1}$)、低电阻率(13.6 $\mu\Omega \cdot cm$)、化学和热稳定性好、机械/磨耗性能优良和颜色类似黄金等特点[1,2,3,4,5,6,7];硼化锆(ZrB_2)的熔点(3 040 ℃)、硬度(22 GPa)、体积模量(496 GPa)、电阻率(7.8 $\mu\Omega \cdot cm$)、热导率(24.3 $W \cdot m^{-1} \cdot K^{-1}$)等性能更为优良[8],被广泛用作各种高温结构及功能材料,例如:航空工业中的涡轮叶片、磁流体发电电极等。由于ZrN、ZrB_2在高温下扩散系数很小,需要很高的烧结温度(≥1 850 ℃)才能使其致密化。例如Monteverde等人[9,10]在ZrB_2中加入SiC纳米粒子,采用热压烧结法制备出ZrB_2-SiC纳米复合材料,其相对密度大于98%,弯曲强度达到700 MPa,硬度为14 GPa,极大提高了复合材料的强度和硬度。

高压环境是一个典型的极端条件。高压的作用主要是使组成物质基本单元的原子的间距缩短,原子之间的相互作用增强,从而改变物质的结构和性能。高压与高温结合作用会给物质施加非常大的能量,在改变物质晶体结构的同时,也可以改变电子的能级,出现新的基态。例如,在高压极端条件下,人们实现了石墨转化到金刚石和六方氮化硼转化到立方氮化硼。近年来,人们发现在常压下不互溶元素在高压下可实现固溶;一些难合成的化合物在高压下能实现合成,如铁和氢在常压下可形成间隙式铁氢固溶体,但在超高压下能形成铁氢化合物。

一、实验目的

1. 掌握纳米材料的制备方法。
2. 掌握大腔体高压合成纳米复合材料的方法。
3. 掌握纳米复合材料结构表征方法。
4. 掌握纳米复合材料性能测试技术。

二、实验原理

1. 球磨法制备纳米材料

机械合金化也叫机械球磨或高能机械球磨。机械合金化(mechanical alloying,简称 MA)方法是将两种或两种以上粉末(金属、非金属)混合球磨,使原料粉末反复变形、焊合与断裂,在这一过程中,各组分的原子相互扩散,发生固态反应而形成新相,达到合金化的目的。它可以使材料远离平衡态,突破了平衡相图对材料开发的限制,拓宽了合金成分范围,诱发固态相变和化学反应,能制备出一系列纳米晶体、非晶体和过饱和固溶体等亚稳材料。

利用机械合金化技术可以开发研制弥散强化材料、磁性材料、高温材料、超导材料、非晶体、纳米晶体等各种状态的非平衡材料、复合材料、轻金属高比强材料、贮氢材料、过饱和固溶体等。目前机械合金化技术已被广泛地应用于三个主要领域:① 合金化两种或三种金属或合金来形成新的合金相;② 使金属间化合物或元素材料失稳形成亚稳的非晶相;③ 激活两种或多种物质之间的化学反应(又称机械化学反应)。

目前,关于机械合金化的理论研究,主要集中于以下三点:① 分析球磨时磨球的运动方式,确定其“不均匀性”;② 研究碰撞过程中粉末的变形、焊合及端裂,以及粉末颗粒的尺寸、形状和硬度等特征量随时间的变化。计算碰撞中的能量转化及粉末温度的上升,确定球磨参数与产物的关系;③ 分析粉末中发生的物理现象,如扩散、固溶、非晶化、机械化学反应。机械球磨过程中发生的非晶体晶化和晶体非晶化现象,可以用局域高压和局域高温同时作用机制得到很好的解释。

机械合金化的装置主要由球磨机、球磨罐和磨球组成,可采用振动式、搅拌式、行星式和滚筒式等球磨方式进行球磨。装置将原料粉末(两种或两种以上金属或非金属粉末)与磨球按一定比例一起放入球磨罐中进行球磨。当磨球以不等速或异向运动时,磨球与磨球之间或磨球与罐壁之间发生碰撞而捕获粉末,使其发生塑性形变。两种粉末经塑性形变冷焊作用而焊合在一起,形成复合粉。经多次形变后,复合粉内组织细化,并发生扩散或固态反应均匀化。球磨的初始阶段,两组分先形成复合体。球磨的中期阶段,复合粉内组织细化,并在边界发生扩散或形成新相。球磨末期，由于球磨时粉末变形的不均匀性，总有一些颗粒较大，残留在新相的基体上，需进一步球磨和扩散而形成均匀化的合金或固溶体（如图 4.3.1 所示）。机械合金化技术在制备纳米粉体或合成新材料等方面取得了令人惊喜的成果，但同时也暴露出由球磨方法本身所带来的缺点：主要是球磨样品的颗粒尺寸不均匀，且易引入磨球破损而带来的杂质。

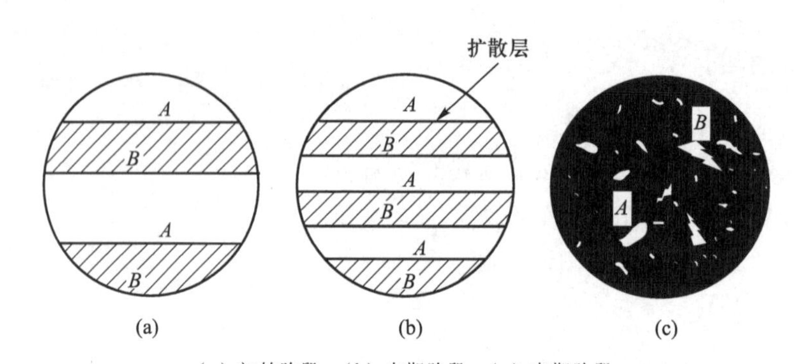

（a）初始阶段 （b）中期阶段 （c）末期阶段

图 4.3.1 球磨过程中的粉末组织结构变化示意图

机械合金化的影响因素：

实验证明，球磨条件不同时，粉末的碰撞形变能、组织结构变化以及体系的温升也不同，从而影响溶质的传输及相变的热力学和动力学过程，因此决定了相变产物及合金化速率。影响机械合金化过程的因素主要包括以下几个方面。

① 球料比和填充比（球料在球磨罐中的填充比例）。影响反应效率的因素主要是合金化过程中的动力学球料比，而不是球磨罐中放入磨球和混合粉料的绝对质量。球料比一般选择为 10 : 1 到 20 : 1。填充比对合金化过程和结果的影响也较大，因为磨球与粉料碰撞时有足够的运动空间，才能保证合金化过程所需的冲击能量。

② 球磨气氛。球磨气氛对合金化过程有两个作用，一是可以作为反应物直接参与反应，目前人们已开始研究高能球磨过程中粉末与球磨气氛的相互作用，并试图用它作为一种新的化合物合成手段，如将 Ti、Fe、Zr 等在 N_2 气氛中高能球磨，合成出相应的氮化物；二是作为保护气体防止样品在球磨过程中被氧化。

③ 球磨转速。球磨转速主要指球磨罐转速。增加球磨转速可以提高冲击能量，使磨球与粉料碰撞达到合金化所需能量，温度也相应提高。总之，高能机械球磨在合成新材料方面显示出诱人的前景。但也存在一些缺点：如粉体被细化后，其颗粒尺寸不均匀，易引入磨球磨损带来的杂质等。

2. 高压合成纳米复合材料

压力作为一个热力学参量，对物质有着巨大的影响。当同时使用高温和高压两个热力学条件的时候，将产生许多奇特的物理和化学现象，从而生成具有特殊晶体结构的新型无机化合物。高压实验方法有常规方法不可能达到的特殊作用：

① 提高反应速率和产物的转化率，降低合成温度，缩短合成时间。

② 阻止热力学上不稳定的起始原料的分解。在高压作用下原子之间的距离减小，原子

的振动受到了限制,因此热力学不稳定的化合物的分解温度会被提高。

③ 增大物质密度,合成致密相,增加阳离子的配位数。

④ 稳定过渡族元素特殊价态。常压下合成的产物中过渡族元素都是正常氧化态,在高压下合成的化合物中,过渡族元素往往表现出反常的氧化态。

⑤ 得到一些重要的非晶体和准晶体材料。

高压合成的这些特点使其在现代科学研究和工业生产等领域扮演越来越重要的角色。

(1) 大腔体高温高压装置

大腔体高温高压装置一般利用油压机作为动力,推动装置中的高压构件,挤压试样产生高压。它研究的样品体积较大(一般在毫米量级),并能够产生很高的温度(最高可达 3 000 ℃),压力梯度小,压力范围在 5 GPa~25 GPa。

实验中的高温高压装置是一种 500 吨的 6/8 型二级加压多面顶大腔体高温高压装置,6 个外层增压块构成一个圆柱体且与压盘分开,如图 4.3.2 和图 4.3.3 所示,在增压块的外圈加上一个硬质钢圆筒提供支撑。这样可以有效提高实验压力,降低了成本。压机采用碳化钨(tungsten carbide, WC)压砧作为二级增压块时,其工作压力可达 28 GPa[11,12],最高工作温度可达3 000 ℃。

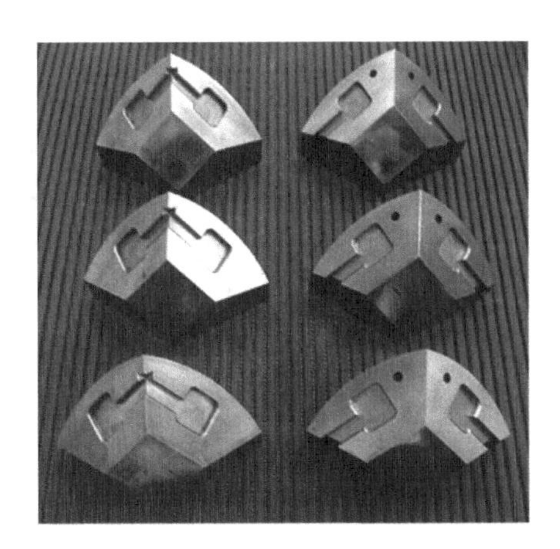

图 4.3.2 大腔体高温高压装置所用外层增压块

(2) 高温高压装置压力的产生

二级加压装置由 8 个截角立方体形成一个大的立方体。每个二级压砧都被切去一个顶角形成一个等边三角形的压面(图 4.3.4)。8 个压面围成一个八面体空间,在其中放置传压介质制成的八面体封装样品(图 4.3.5)。二级压砧所形成的大立方体置于由外层 6 个楔形增压块形成的立方体空穴中,6 个楔形增压块组成圆柱形置于不锈钢压腔内,如图 4.3.6 所示。将压腔放于压机上,推动压腔上下两端的底盘将压力施加在楔形增压块上,通过楔形增压块推动二级压砧对样品加压。

(3) 高温高压合成腔内压力和温度的标定

高温高压合成腔内的高温由通过样品或加热部件的大电流来实现。高压实验时每次直接测定样品温度较为烦琐,同时也会增加合成腔爆炸的危险性,因此使用间接的办法进行温

图 4.3.3 500 吨的 6/8 型二级加压多面顶大腔体高温高压装置

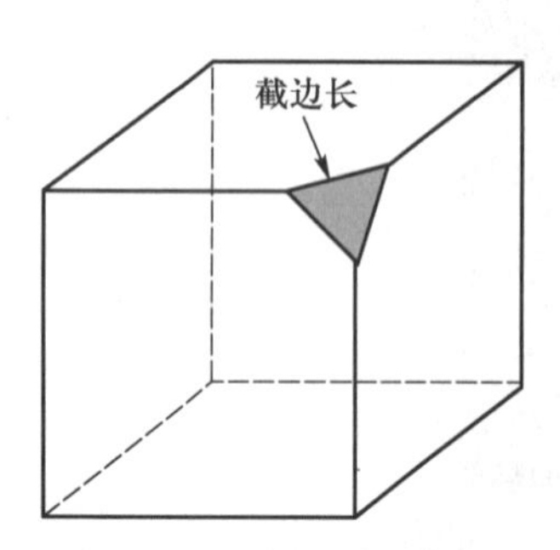

图 4.3.4 二级压砧示意图

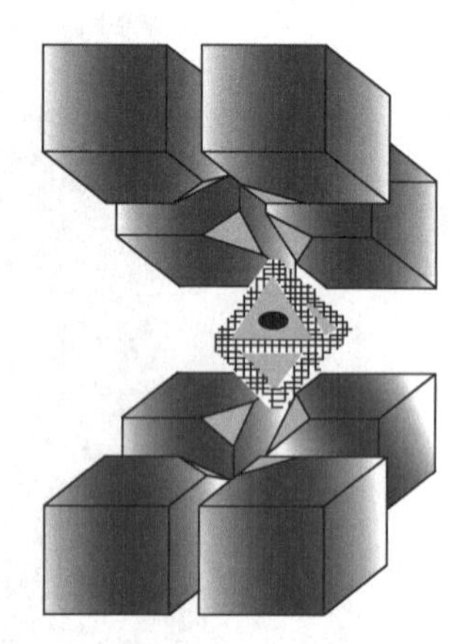

图 4.3.5 二级压砧空间摆放示意图

图 4.3.6 压腔内实物图

度测量和控制。一般通过测量电压和电流来计算出电功率,通过控制加热电功率实现合成腔内温度的控制。采取固定的装样方式测出腔内温度与加热功率之间的函数曲线后,就能通过调控加热电功率来控制腔内温度。

高压实验一般采用金属 Bi 和 Ba 作为压力定标物质。金属 Bi 的三个压致相变点分别为 2.55 GPa、2.75 GPa 和 7.40 GPa。金属 Ba 的两个相变点分别为 5.30 GPa 和 12.00 GPa。当二级压砧挤压样品时,将与发热体的两端紧密接触,这时可通过电加热装置,让电流通过顶锤流经发热体而产生焦耳热,实现对样品的加热。由于压力对电阻及热电动势都会产生影响,因此在高压实验中温度定标时,我们一般选用电阻或热电动势压力效应小的物质作为测温物质。本实验采用 Pt30%Rh-Pt6%Rh 热电偶进行高压下的温度测量。

三、实验方法

将机械球磨法制备的样品用压片机压成柱状,放入套在石墨加热器中的 h-BN 保护管中;将高压组件组装好放进压机中,缓慢升压至实验所需压力,保压 10~30 min,使腔体内部压力达到均匀稳定状态。然后根据实验要求,以一定的升温速率保压加热到预定的温度,并保温保压到预定的时间。断电停止加热,缓慢卸压。由于碳化钨硬质合金压砧和 6 个楔形增压块周围一直用循环水冷却,并且压砧与石墨加热器两端紧密接触,加上石墨和 h-BN 良好的导热性能,可使样品的热量通过压砧迅速传递出去,在室温下取样,进行测试分析。

四、结构表征和性能测试

1. X 射线衍射(XRD)

利用 X 射线衍射仪对样品进行样品物相及结构方面的分析。

2. 扫描电镜(SEM)

使用高分辨扫描电镜对样品的断面显微形貌进行表征分析。

3. Raman 光谱

使用拉曼光谱仪测定样品的 Raman 光谱,表征样品的晶体对称性。

4. 差热扫描分析(DSC)

用差热分析仪进行样品热稳定性分析。

5. 显微硬度分析

使用显微硬度计测试不同条件下合成样品的维氏显微硬度。

6. 变温电阻率分析样品的电性能

采用四端引线法(Van der Pauw 四电极法)测定样品的电阻,使用数字源表和数字电压表等组成的变温电阻测试系统。

五、注意事项

1. 制作高压组件期间，需操作车床和铣床，请实验者一定要佩戴好护目镜。
2. 高压合成实验中，实验者不得离开监控台，要随时监控压机的工作状态。

六、思考题

1. 简述高能球磨机的种类及其特点。
2. 简述大腔体高压合成的种类及其特点。
3. 简述影响纳米复合材料的力学性能和热性能的主要因素。

七、参考文献

单元五

声学

单元五　数字资源

5.1 声弹性技术

在初始应力的影响下,介质的声波速度不同于未受力作用时的声波速度的现象称为声弹性。本实验的目的是通过实验来探究岩石的声弹性理论(岩石的弹性波波速与岩石应力之间的关系)。在声弹性实验中,我们利用实验手段考察物质的声弹性效应,进而为利用物质的某些物理特性进行无损检测提供帮助。

一、实验目的

了解声弹性的概念,通过实验数据了解岩石的弹性波波速与岩石应力之间的关系。

二、实验原理

人们发现声弹性可以作为一个具有合理精确度的实用方法并应用于工程和实验应力分析等。声弹性研究工作已不局限于金属样品,近些年来对有机玻璃、岩石、木板等材料的研究工作,也证实了声弹性理论作为无损检测的应用价值。Winkler(1996)等利用各向同性介质的声弹公式,对多种岩石进行了三阶弹性模量测量,实验结果表明岩石具有非常明显的非线性特性,其非线性效应要比金属类材料大一两个数量级。因此,测量岩石中的声速来确定岩石所受应力的大小应该具有更高的灵敏度和分辨率。

1. 参考态预应力介质的波动方程

我们把介质无应力和应变的原始状态称为自然状态(未变形构形),而已经变形构形或施加负载下的状态称为初始状态(预变形构形)。当一个波动叠加在处于初始状态的介质上时,该介质进一步变形成最终状态(变形构形),分别用 ξ,X 和 x 表示物质点在含预变形构形的自然、初始和最终状态下的坐标,岩石处于应力状态用上标 0 表示;岩石在静载状态下用上标 i 表示;初始状态叠加声波扰动的状态用上标 f 表示(图 5.1.1)。我们用 $\mu^{\mathrm{i}}(\xi)$ 表示从自然到初始状态的质点位移,$\mu^{\mathrm{f}}(\xi)$ 表示从自然到当前状态的质点位移。在自然状态坐标下,对于均匀初始变形,运动的方程可写为

$$A_{\alpha\beta\gamma\delta}\frac{\partial^2\mu_\gamma}{\partial\alpha_\beta\partial\alpha_\delta}=\rho_0\frac{\partial^2\mu_\alpha}{\partial t^2}\quad(\alpha=1,2,3)\tag{5.1.1}$$

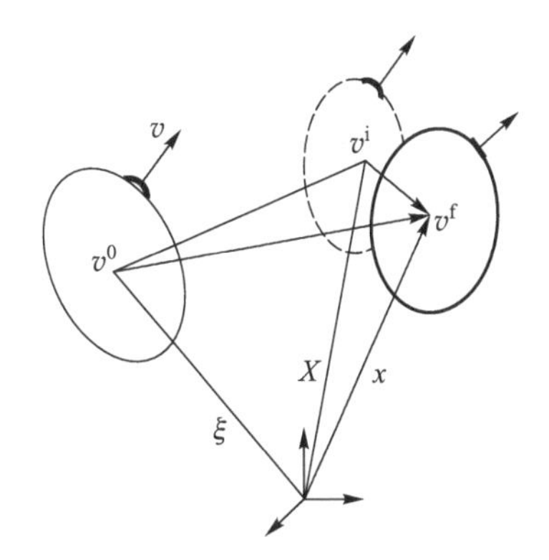

图 5.1.1 质点的自然状态坐标、初始状态坐标、最终状态坐标

这里 $u_\alpha(\xi,t)=u_\alpha^{\mathrm{f}}-u_\alpha^{\mathrm{i}}$ 代表动态位移,其中

$$A_{\alpha\beta\gamma\delta}=c_{\beta\delta\lambda\rho}e^{\mathrm{i}}_{\lambda\rho}\delta_{\alpha\gamma}+c_{\alpha\beta\gamma\delta}+c_{\alpha\beta\rho\delta}\frac{\partial u^{\mathrm{i}}_{\gamma}}{\partial\alpha_\rho}+c_{\rho\beta\gamma\delta}\frac{\partial u^{\mathrm{i}}_{\alpha}}{\partial\alpha_\rho}+c_{\alpha\beta\gamma\delta\varepsilon\eta}e^{\mathrm{i}}_{\varepsilon\eta} \tag{5.1.2}$$

方程中 $\delta_{\alpha\gamma}$ 为克罗内克符号,下标相等时为 1,否则为 0,$e^{\mathrm{i}}_{\alpha\beta}$ 是静应变,$\dfrac{\partial u^{\mathrm{i}}_{\gamma}}{\partial\alpha_\rho}$ 是静位移梯度。$c_{\alpha\beta\gamma\delta}$ 等为二阶弹性模量,$c_{\alpha\beta\gamma\delta\varepsilon\eta}$ 为三阶弹性模量。对于各向同性材料,有两个独立的二阶弹性模量和三个三阶弹性模量。拉梅系数 λ,μ 和 $c_{\alpha\beta\gamma\delta}$ 的关系表示为

$$c_{\alpha\beta\gamma\delta}=\lambda\delta_{\alpha\beta}\delta_{\gamma\delta}+\mu(\delta_{\alpha\gamma}\delta_{\beta\delta}+\delta_{\alpha\delta}\delta_{\beta\gamma}) \tag{5.1.3}$$

三阶弹性模量 $c_{\alpha\beta\gamma\delta\varepsilon\eta}$ 与 ν_1、ν_2、ν_3 的关系为

$$\begin{aligned}c_{\alpha\beta\gamma\delta\varepsilon\eta}=&\ \nu_1\delta_{\alpha\beta}\delta_{\gamma\delta}\delta_{\varepsilon\eta}+2\nu_2(\delta_{\alpha\beta}I_{\gamma\delta\varepsilon\eta}+\delta_{\gamma\delta}I_{\varepsilon\eta\alpha\beta}+\delta_{\varepsilon\eta}I_{\alpha\beta\gamma\delta})\\&+2\nu_3(\delta_{\alpha\gamma}I_{\beta\delta\varepsilon\eta}+\delta_{\alpha\delta}I_{\beta\gamma\varepsilon\eta}+\delta_{\beta\gamma}I_{\alpha\delta\varepsilon\eta}+\delta_{\beta\delta}I_{\alpha\gamma\varepsilon\eta})\\I_{\alpha\beta\gamma\delta}=&\ \frac{(\delta_{\alpha\gamma}\delta_{\beta\delta}+\delta_{\alpha\delta}\delta_{\beta\gamma})}{2}\end{aligned} \tag{5.1.4}$$

设应变主轴和坐标轴一致,根据自然状态坐标下的运动方程(5.1.1),由沿 ξ_3 轴方向传播的平面波可得自然状态坐标下速度和应力的关系

$$\begin{aligned}\rho^0v_{\mathrm{L}}^2&=\lambda+2\mu+(\lambda+\nu_1+2\nu_2)e^{\mathrm{i}}_{\alpha\alpha}+2(\lambda+3\mu+2\nu_2+4\nu_3)e^{\mathrm{i}}_{33}\\\rho^0v_{\mathrm{T1}}^2&=\mu+(\lambda+\nu_2)e^{\mathrm{i}}_{\alpha\alpha}+2(\mu+\nu_3)(e^{\mathrm{i}}_{11}+e^{\mathrm{i}}_{33})\\\rho^0v_{\mathrm{T2}}^2&=\mu+(\lambda+\nu_2)e^{\mathrm{i}}_{\alpha\alpha}+2(\mu+\nu_3)(e^{\mathrm{i}}_{22}+e^{\mathrm{i}}_{33})\end{aligned} \tag{5.1.5}$$

ρ^0 是自然状态的密度,$e^{\mathrm{i}}_{\alpha\beta}$ 是静应变。v_{L},v_{T1},v_{T2} 分别代表沿 ξ_3 轴传播的纵波、偏振分别沿 ξ_1 轴和 ξ_2 轴的横波。(5.1.5)式给出了纵、横波速度与应变之间的关系。例如在 ξ_1 轴方向上的单轴力 F_{T} 作用下,主应变为 $e^{\mathrm{i}}_{11}=F_{\mathrm{T}}/E$ 和 $e^{\mathrm{i}}_{22}=e^{\mathrm{i}}_{33}=-\sigma F_{\mathrm{T}}/E$,其中 $\sigma=\lambda/2(\lambda+\mu)$ 是泊松比,$E=(3\lambda+2\mu)\mu/(\lambda+\mu)$ 是杨氏模量。自然速度 $v=L_0F$,其中 L_0 是经过未变形样品的路程,F 是经过已变形样品的路程的时间的倒数,而实际速度 $v_{实}=LF$,其中 L 是样品受力后波经过已变形样品的路程,因此,自然速度与实际速度的关系为 $v_{实}=vL/L_0$。我们可以利用自然速度来求外加应力,主要的好处是可以避免测量实际的 L_0。

2. **测量声速**

我们采用双发双收的方法来测量声速，如图 5.1.2 所示，在垂直方向上施加压力 F_{T11}，由信号发射接收器激发一个脉冲信号，经过超声换能器的超声探头垂直入射到岩石样品中，信号透射样品由超声探头接收，传入到信号发射接收器并且将测量信号输入到示波器。为了减少样品非均匀性的影响，我们使用耦合剂把一对超声探头黏合在岩石相对表面的中心位置上，且保证对同一点的纵、横波波速进行测量。声源与起跳点的时间间隔 Δt 就是脉冲穿透岩石样品所需时间，所以声波速度为 $v=d/\Delta t$，d 为岩石样品的厚度（图 5.1.2）。

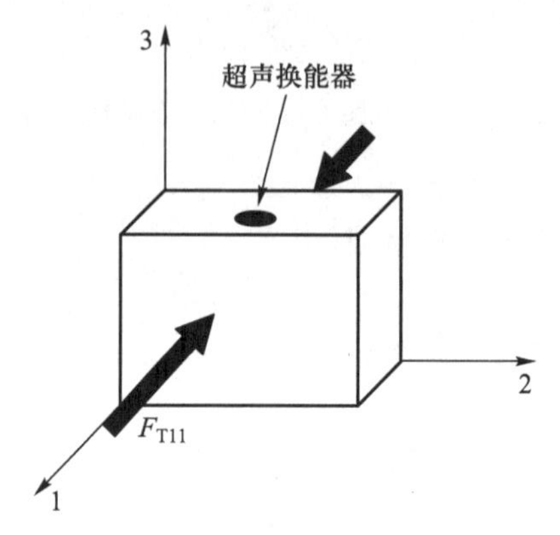

图 5.1.2　样品加压示意图

三、实验装置

实验设备包括：信号发射接收器（图 5.1.3）、示波器（图 5.1.4）、纵波、横波换能器（如图 5.1.5 所示，频率为 0.5 MHz）以及加压设备：声弹压机（图 5.1.6）。

图 5.1.3　信号发射接收器

我们需要测量岩样在不同单轴加载应力下的速度，所以要利用加压设备声弹压机（图 5.1.5）。声弹压机的量程为 40 MPa，精度为 0.1 MPa。加压原理为通过转动转轮使容器中的蒸馏水进入压机内，当蒸馏水注满压机内的管道，继续转动转轮，会增大液体的压强，液压使压机的底座上升，岩样放在底座上，当底座上升到一定高度，与上面的金属板接触时，继续加压，样品上下表面就会受到压力的作用。除了加压部分，声弹压机还有一关键的部分就是夹持器，其作用为将探头固定在样品两侧，由气压控制其伸缩，从而使其与样品贴合或分离。

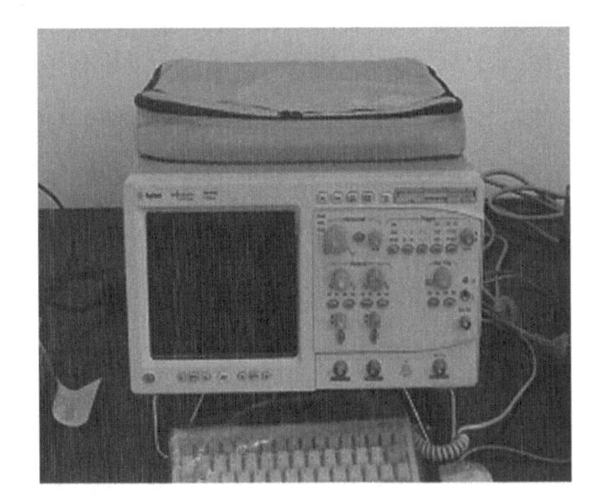

图 5.1.4 示波器

图 5.1.5 纵波、横波换能器

图 5.1.6 声弹压机

具体的实验操作为：连接好仪器与探头，将探头表面均匀涂上一层耦合剂。将样品放在压机的圆柱基座上，探头放置于夹持器的凹槽内，在未加压时，测量纵波速度、偏振方向分别与应力方向垂直、平行的横波速度。在这里需要注意，与横波探头接线柱平行方向为偏振方向，所以当测量两组横波时，横波探头需要分别水平与竖直放置。零压力下的速度测量完毕之后，开始使用声弹压机给样品加压，考虑岩石样品所能承受的压力，我们给样品加压到 10 MPa。

四、研究内容

以 1 MPa 为间隔记录数据，分别记录下 1 MPa～10 MPa 应力下纵波与两组横波的波形数据。完成后用 Origin 软件对数据进行处理，读取到 Δt 时，计算各个应力下的波速度；记录不同应力下纵波、偏振方向分别与应力方向垂直、平行的横波的波形图（图 5.1.7）。

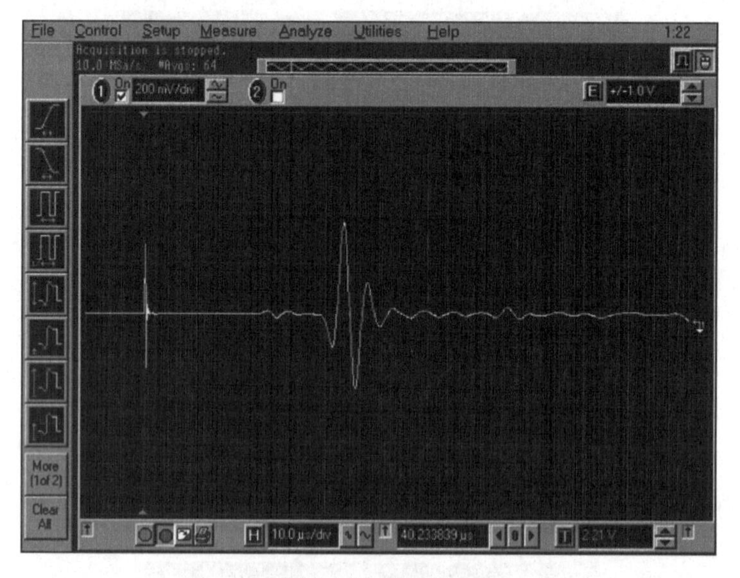

图 5.1.7 波形图

五、参考文献